鸭肠炎病毒感染诱导细胞自噬的作用机制研究

尹海畅　张兰兰　著

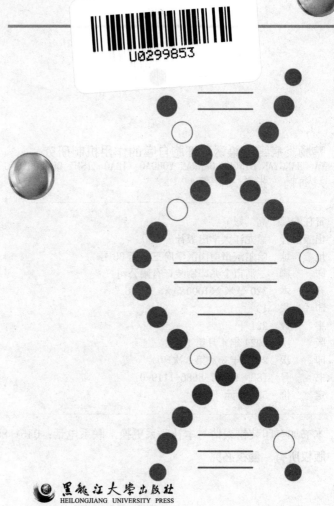

黑龍江大學出版社
HEILONGJIANG UNIVERSITY PRESS
哈尔滨

图书在版编目（CIP）数据

鸭肠炎病毒感染诱导细胞自噬的作用机制研究 / 尹海畅，张兰兰著. -- 哈尔滨 : 黑龙江大学出版社，2024.4（2025.3 重印）
ISBN 978-7-5686-1119-0

Ⅰ. ①鸭… Ⅱ. ①尹… ②张… Ⅲ. ①鸭病－肠道病毒感染－细胞生物学 Ⅳ. ① S858.32

中国国家版本馆 CIP 数据核字（2024）第 082978 号

鸭肠炎病毒感染诱导细胞自噬的作用机制研究
YA CHANGYAN BINGDU GANRAN YOUDAO XIBAO ZISHI DE ZUOYONG JIZHI YANJIU
尹海畅　张兰兰　著

责任编辑　高　媛
出版发行　黑龙江大学出版社
地　　址　哈尔滨市南岗区学府三道街 36 号
印　　刷　三河市金兆印刷装订有限公司
开　　本　720 毫米 ×1000 毫米　1/16
印　　张　13
字　　数　221 千
版　　次　2024 年 4 月第 1 版
印　　次　2025 年 3 月第 2 次印刷
书　　号　ISBN 978-7-5686-1119-0
定　　价　52.00 元

前　言

鸭病毒性肠炎是一种急性、热性、败血性传染病，已成为严重影响水禽业健康发展的重要疫病之一。鸭肠炎病毒是一种对家禽养殖业造成严重威胁的病原体。鸭肠炎病毒感染会导致鸭只的生长受阻、产蛋率下降甚至死亡，给养殖业带来巨大的经济损失。因此，对鸭肠炎病毒的研究具有重要的意义。

细胞自噬作为一种重要的细胞自我调节机制，在维持细胞内稳态和应对各种内外部压力中发挥着关键作用。近年来，相关研究表明，细胞自噬在病毒感染过程中扮演着重要角色，这对了解病毒感染的病理生理机制以及开发相关药物具有重要意义。

本书的出版，旨在系统探讨鸭肠炎病毒感染过程中细胞自噬的作用机制，为深入理解该病毒感染的病理生理过程提供新的视角和理论支持。本书将通过对鸭肠炎病毒感染诱导细胞自噬的分子机制、信号通路调控以及相关疾病发生发展的影响等方面展开深入研究，探讨 DEV 与细胞自噬的关系及对病毒自身复制的影响，解析了调控 DEV 感染诱导自噬的信号通路，寻找引起自噬的关键病毒蛋白及与其相互作用的宿主蛋白。从细胞自噬角度研究 DEV 复制增殖机制及其与宿主细胞的相互作用关系，对阐明 DEV 的致病性具有重要意义，为 DVE 的控制净化提供一定思路。

在本书研究中，笔者通过检测自噬体形成的标志性分子 LC3 Ⅱ 的表达量，自噬小体结构的形成，以及 GFP - LC3 在胞浆中的点状聚集情况，发现 DEV 感染 36 ~ 72 h 诱导了 DEF 细胞的自噬体增加。加入自噬体和溶酶体抑制剂处理细胞，检测自噬的降解底物分子 p62 的表达量，进一步证明 DEV 诱导了细胞的完全自噬流，并且这种现象依赖于病毒复制。另外，利用药物处理或干扰自噬相关基因的方法诱导或抑制细胞自噬，证明自噬的发生有利于 DEV 的复制。基于 DEV 感染 48 h 后能诱导细胞中 ATP 水平降低的现象，而 AMPK 对细胞内

AMP 水平和 ATP 水平的比例十分敏感,因此推测 DEV 感染可能和 AMPK 级联的相关信号通路有关。结果发现,加入药物处理修复 DEV 感染引起的细胞内的能量代谢损伤能降低病毒诱导的自噬,并证明能量代谢损伤通过 AMPK - TSC2 - mTOR 信号通路调控了 DEV 诱导的自噬。另外,本书研究还发现感染病毒 36 h 后,触发了细胞的内质网应激并启动了调控未折叠蛋白质应答的两条信号通路 PERK - eIF2α 和 IRE1 - XBP1,并且这两条通路调控了 DEV 诱导的自噬。笔者将编码 gE 蛋白基因重组质粒转染到 DEF 细胞中,利用多种方法检测该蛋白对自噬的影响,结果发现 gE 蛋白可以诱导细胞的自噬。同时,利用 CoIP、GST pull - down、激光共聚焦观察等方法证实 DEV 的 gE 蛋白与内质网应激的标志性分子 GRP78 的相互作用。

本书具体分工如下:齐齐哈尔大学尹海畅负责撰写第 1 章至第 4 章,约 12.1万字;齐齐哈尔大学张兰兰负责撰写第 5 章至第 8 章的内容,约 10 万字。笔者希望本书能够为研究者提供最新的研究成果和理论探讨,提供更深入的病理生理机制研究,为相关领域的学术交流和合作搭建桥梁,促进鸭病毒性肠炎及相关疾病的防控和治疗工作。

尹海畅　张兰兰

2024 年 1 月

目　　录

第1章　绪　　论

1.1 鸭病毒性肠炎及鸭肠炎病毒

1.1.1 鸭病毒性肠炎

鸭病毒性肠炎(duck virus enteritis, DVE)又名鸭瘟(duck plague, DP),是鸭、鹅、天鹅及其他水禽的一种急性、发热性、败血性传染病。1923 年,DVE 首次发现于荷兰,随后在不同国家和地区相继发现和流行。1957 年,该病在我国广东省首次被报道,随后在华中、华东及华南等地区广泛流行。目前,该病呈全球性分布,已给水禽养殖业带来重大经济损失,成为严重影响水禽养殖业健康发展的重要疫病之一。

迁徙的水禽在各大陆间的 DVE 传播过程扮演着重要角色,而其严重程度和死亡率则由该病的流行程度和涉及或感染的物种决定。尽管美国已有鸭养殖场报道了 DVE 的广泛流行,然而多数科学家并没有分离到病毒。除了雁形目禽类,其他禽类、哺乳动物中均未有该疾病的爆发。多数患有 DVE 的水禽并没有呈现明显的临床症状,甚至有时只有死亡了才会被发现。当临床症状显著的时候,会出现组织血管损伤和出血,淋巴器官受损,消化道黏膜损伤,严重的腹泻和实质性器官退行性病变,随后开始出现死亡现象。部分患病水禽出现畏光、极度口渴、食欲下降、运动失调、流鼻涕、翅膀下垂,以及头部、颈部和身体颤抖等临床症状。

各个年龄段的家养或野生的鸭、鹅和其他雁形目禽类对 DVE 的病原体均是易感的,有时表现为慢性或潜伏性感染。初次感染病毒后,表现为三叉神经的潜伏感染,二次感染该病毒导致了该疾病的爆发。有研究称 DVE 的幸存水禽可携带病毒达 4 年之久。绿头鸭对 DVE 的致死效应相对不易感,并被认为是该疾病的传染源。携带病毒或耐受的水禽排毒是导致易感群患病的主要原因。易感水禽与感染水禽或已污染环境的接触是引起该病爆发的主要原因。该病毒可通过受精卵进行垂直传播。

1.1.2 鸭肠炎病毒

鸭肠炎病毒(duck enteritis virus, DEV)是 DVE 的病原体,为疱疹病毒科,α

疱疹病毒亚科，马立克病毒属成员。该病毒呈球状，直径为 120 ~ 130 nm，具有疱疹病毒的四个典型结构：双层磷脂囊膜，一个无定形的内层被膜，一个二十面体衣壳和 G + C 含量为 64.3% 或 44.9% 的不分节段的线性双链 DNA 核心。DEV 的部分或完全的基因组序列分析表明，尽管和其他疱疹病毒科病毒成员相似，但还是有较大差异。DEV 基因组大小约为 158 kb，包括 78 个开放阅读框（open reading frame，ORF）。其中，65 个 ORF 定位在长独特片段（unique－long，UL），11 个 ORF 定位在短独特片段（unique － short，US），剩下的 2 个 ORF（ICP4/IE180）分别定位在内部重复序列（internal repeat sequence，IRS）和末端重复序列（TRS）。DEV 的基因组排列形式为 UL－IRS－US－TRS，如图 1－1 所示。由于具有囊膜，该病毒对乙醚和氯仿敏感。56 ℃处理 10 min 或者 50 ℃处理 90 ~ 120 min 能使该病毒失活。室温（22 ℃）条件下，病毒感染力能维持 30 天，使用氯化钙在 22 ℃下处理病毒 9 天后失活。pH 值超过 3 ~ 11 的范围，DEV 快速失活。胰酶在 37 ℃条件下处理病毒 18 h 能破坏病毒的感染力。另外，该病毒没有血凝特性和血细胞吸附特性。

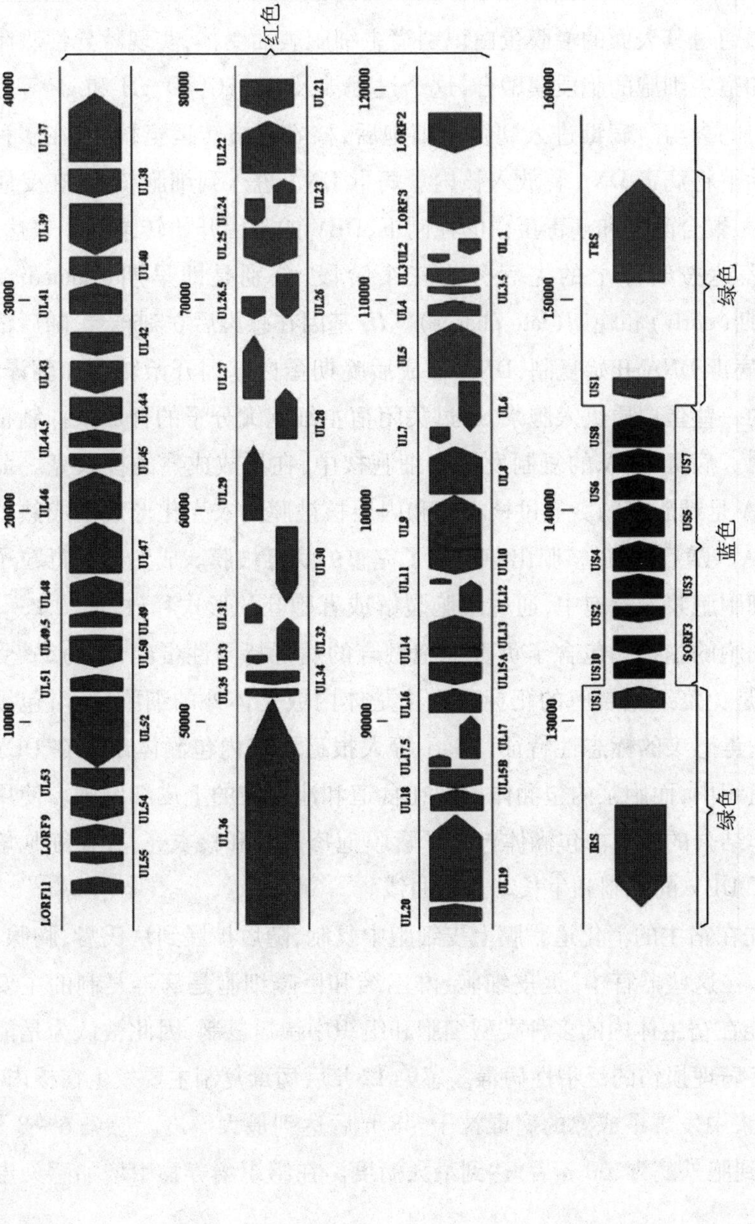

图 1－1 DEV 基因组结构模式图

注:红色箭头代表 UL 区基因,蓝色箭头代表 US 区基因,绿色箭头代表 RS 区基因。

1.2 鸭肠炎病毒的复制及囊膜糖蛋白

1.2.1 DEV 的复制

疱疹病毒通过其表面的囊膜蛋白识别宿主细胞表面受体,实现特异性吸附后病毒囊膜和宿主细胞的胞质膜融合,这个过程涉及 gB,gC,gD,gH 和 gL 等几种囊膜糖蛋白的参与。病毒进入到宿主细胞后,核衣壳被转运至核孔,在多种病毒蛋白协助下将病毒 DNA 释放入核内。病毒 DNA 进入到细胞核后,在受感染的细胞 RNA 聚合酶Ⅱ和病毒蛋白的控制下,DEV 的基因开始转录翻译表达,其基因组的表达按时序上的先后分为三个阶段,分别是即早期(immediate early,IE)、早期(early)和晚期(late phases)。*IE* 基因在感染后立刻转录,随后依赖 IE 蛋白的病毒 DNA 开始复制,DNA 合成后晚期蛋白基因开始转录和翻译。病毒囊膜上的一些蛋白质进入胞浆,通过关闭宿主细胞大分子的合成来抑制宿主细胞的代谢。病毒 DNA 的复制发生在细胞核中,在形成成熟的核衣壳之前新合成的 DNA 是螺旋状的。通过核衣壳和内层核被膜的衣壳化形成了成熟的病毒粒子 DNA。随后,通过核膜出芽形成了完整的病毒被膜。成熟后病毒粒子累积在宿主细胞胞浆的囊泡中,通过细胞裂解或者胞吐的形式释放,如图 1-2 所示。宿主细胞的胞浆膜包含了负责细胞融合的病毒特异性蛋白,作为 Fc 受体,并且可能是免疫细胞裂解的靶标。无论是体内或是体外的细胞培养,包涵体都是疱疹病毒感染的标志性特征。Barr 等人报道了核内包涵体出现在 DEV 感染的各种组织中,而胞浆内包涵体出现在食道和泄殖腔的上皮细胞中。使用电镜证明了膜结合的胞浆内包涵体包含了囊膜疱疹病毒和核衣壳,并在细胞培养物中研究了 DEV 的复制和生长动力学曲线。

DEV 首先在宿主的消化道黏膜上皮细胞中复制,随后扩展到法氏囊、胸腺、脾脏和肝脏。在这些器官中,上皮细胞、淋巴结和巨噬细胞是病毒复制的主要位点。DEV 能在宿主体内的多种类型细胞和组织中快速复制,因此被认为是能导致不同器官病理损伤的泛嗜性病毒。感染 12 h 后病毒复制主要发生在核内,24 h 后,在胞浆中发现了成熟的病毒粒子,48 h 后达到最大滴度。感染 6 ~ 8 h 后,首次检测到胞外病毒,60 h 后,达到最大滴度。在组织培养物中增加感染温度，比如39.5~41.5 ℃，有利于病毒复制，尤其是对于低毒力病毒株。在DEV吸附鸡胚成纤维细胞(chicken embryo fibroblast，CEF)过程中，囊膜糖蛋白gC起到了增加病毒感染力的作用。因此，封闭gC可成为预防病毒在宿主细胞建立感染的重要策略。

1.2.2 囊膜糖蛋白

目前已经发现并被正式命名的DEV囊膜糖蛋白共有12种，它们分别是gB(UL27)、gC(UL44)、gD(US6)、gI(US7)、gE(US8)、gL(UL1)、gM(UL10)、gN(UL49.5)、gJ(US5)、gH(UL22)、gG(US4)和gK(UL53)。其中gB、gD、gH、gL、gK是病毒复制必需蛋白，其余为病毒复制非必需蛋白。

gB蛋白是由基因组中的*UL*27基因编码的多功能糖蛋白，基因全长3 003 bp，由1 000个氨基酸组成，分子量约为113 kDa，是病毒复制必需蛋白。陈淑红等人对DEV *UL*27基因进行了克隆、序列分析，并做初步研究。DEV *gB*完整基因序列的原核表达很难实现，现多采用分段表达的策略，相关研究主要集中在我国，国外少有报道。马波对gB蛋白抗原优势区进行预测并做初步研究。张智慧、董广阔表达了gB蛋白主要抗原优势区并制备单克隆抗体。赵丹丹制备了gB蛋白的单克隆抗体，建立了胶体金试纸条检测方法，并证明该方法具有良好的敏感性、特异性、重复性和稳定性，可用于DEV的快速检测和诊断。张树栋研究发现gB是DEV囊膜糖蛋白中抗原性最强的蛋白质，并将几个主要糖蛋白进行串联表达建立检测抗体的间接ELISA方法，该方法可初步应用于DEV抗体的检测和血清流行病学调查。gB蛋白是α－疱疹病毒中最保守的一种囊膜糖蛋白，具有中和表位，能诱导机体产生中和抗体，是病毒的主要保护性抗原，参与病毒的多种感染过程，包括吸附、穿入并介导病毒与细胞膜融合及病毒释放等。虽然对DEV gB的功能尚无报道，但根据疱疹病毒gB序列的保守性，可预测其具有与其他疱疹病毒相似的功能。

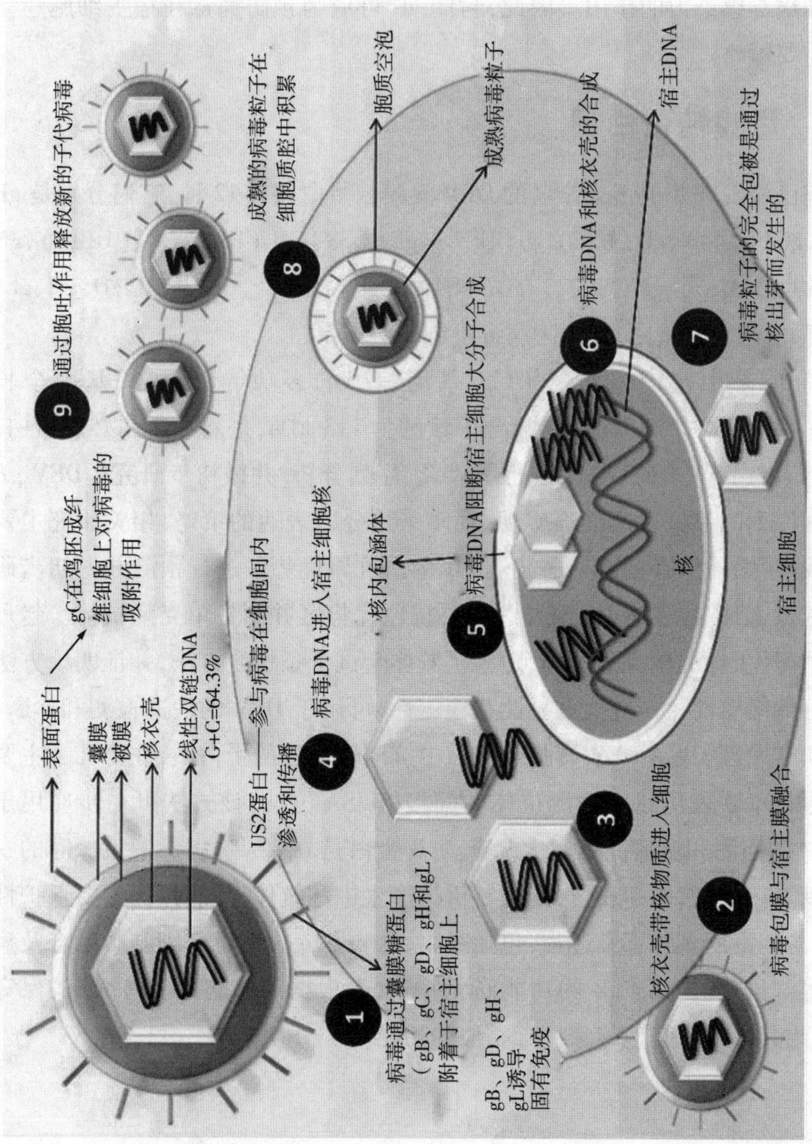

图 1－2　鸭肠炎病毒生命周期结构模式图

gC 蛋白是由 *UL44* 基因编码的一种多功能糖蛋白，基因全长 1 296 bp，由 431 个氨基酸组成，分子量约为 40 kDa，是病毒复制非必需蛋白。Liu 等人分别报道了不同强毒株和疫苗毒株的 gC 核苷酸序列，Wang 等人对不同毒株的比对结果显示 *gC* 核苷酸序列相似性为 100%，表明 DEV 的 *gC* 基因序列高度保守。Lian 等人克隆表达了 gC 蛋白，并证明该蛋白具有良好的免疫原性和反应原性，转录和表达结果表明 gC 蛋白是 DEV 的晚期表达蛋白，亚细胞定位结果显示 gC 蛋白主要分布在 DEF 细胞的胞质区。Wang 等人构建了 *gC* 基因缺失株，比较其与亲本毒株在 CEF 细胞上产生病变的能力，证明 *gC* 在 DEV 的装配中起到了重要作用。Yong 等人利用杆状病毒表达系统成功表达 DEV gC 蛋白，证实 gC 不与细胞表面的硫酸肝素结合，但其抗血清能抑制 DEV 吸附到 CEF 细胞上，表明 gC 在病毒吸附过程中起到了重要作用。孙昆峰获得了表达 EGFP 蛋白的 DEV *gC* 缺失株，并证明了 *gC* 在病毒的装配中发挥作用并抑制了病毒侵入细胞的膜融合过程，揭示 DEV *gC* 缺失株有望成为有效预防 DVE 的基因工程疫苗。

gD 蛋白是由 *US6* 基因编码的多功能糖蛋白，基因全长为 1 269 bp，由 422 个氨基酸组成，分子量约为 55 kDa，是病毒复制必需蛋白。序列分析表明，*gD* 基因在不同属的疱疹病毒中同源性并不高，DEV 的 *gD* 基因核苷酸序列与马疱疹病毒（equine herpesviruse，EHV）最接近，其氨基酸序列与牛疱疹病毒（bovine herpesviruse，BHV）最接近。范薇克隆了 DEV *gD* 基因并对其序列进行了生物信息学分析，转录和表达结果表明，gD 蛋白是 DEV 的晚期表达蛋白，亚细胞定位结果显示 gD 蛋白主要定位在鸭胚成纤维细胞的细胞膜上。另外，其表达了 gD 胞外区蛋白并制备单克隆抗体，同时将表达的蛋白作为包被抗原建立了检测 DEV 抗体的间接 ELISA 方法。Aravind 等人发现重组的 *gD* 质粒能在小鼠模型中提高 DEV 的保护率，表明 gD 具有较好的免疫原性，有望成为预防 DVE 爆发的候选 DNA 疫苗，同时 Zhao 等人也阐述了相似观点。刘琰等人研究发现，加入纯化后的兔源抗 gD 血清处理细胞，与未处理的对照组相比，病毒侵入率及形成噬斑的大小有显著差异，但是吸附率差异并不显著，表明 gD 蛋白对 DEV 侵入及在细胞间传播的过程具有重要作用，但对病毒的吸附作用无显著影响；致细胞病变效应延迟出现，但与未处理的对照组具有相似的增殖特点。

gI 蛋白是由 *US7* 基因编码的糖蛋白，基因全长 1 116 bp，由 371 个氨基酸组成，分子量约为 45 kDa，是复制非必需蛋白，是 α 疱疹病毒中比较保守的蛋白质。李丽娟等人对 DEV 的 *gI* 基因进行了基因克隆和原核表达,并制备了兔源抗血清。转录和表达结果表明,gI 蛋白是 DEV 的晚期表达蛋白,亚细胞定位结果显示 gI 蛋白主要在靠近胞核的胞浆中呈局域性集中分布,并随 DEV 的增殖持续存在。许多学者热衷于将 *gE* 和 *gI* 序列缺失的 DEV 毒株作为载体插入外源基因构建重组基因工程疫苗。Liu 等人构建了插入鹅 H5 亚型禽流感病毒 *HA* 基因的缺失 *gE* 和 *gI* 基因的 DEV 重组毒株,并证明尽管 *gE* 和 *gI* 是 DEV 复制非必需基因,但还是会影响病毒的感染能力。Yang 等人证明 *gE* 和 *gI* 是 DEV 的主要毒力基因,敲除这两个基因不能改变病毒的抗原性。

gE 蛋白是由 *US*8 基因编码的糖蛋白,基因全长 1 473 bp,由 490 个氨基酸组成,分子量约为 54 kDa,是病毒复制非必需蛋白,是 α 疱疹病毒中比较保守的蛋白质。常华等人克隆了 DEV 的 *gE* 基因序列并进行了序列分析及原核表达,制备了兔源抗血清,同时建立了检测 DEV 抗体的间接 ELISA 检测方法。转录和表达结果表明,gE 蛋白是 DEV 的晚期表达蛋白,亚细胞定位结果显示 gE 蛋白主要分布在胞浆中,感染 48 h 后表达量降低且逐渐靠近核区域。在感染 DEV 的鸭体内,gE 蛋白主要分布在免疫器官和消化器官及实质器官中。DEV 的 gE 蛋白功能目前尚没有阐明。其他疱疹病毒的 gE 蛋白能促使病毒囊膜与细胞膜的膜融合及感染细胞与非感染细胞的融合,介导病毒在细胞间的扩散。还能与 IgG 的 Fc 受体结合,阻断或改变 Fc 功能,参与 HSV－1 的免疫逃避。*gE* 和 *gI* 基因常作为插入和缺失的靶基因构建重组和缺失病毒。

gN 蛋白是由 *UL*49.5 基因编码的糖蛋白,基因全长 288 bp,由 95 个氨基酸组成,分子量约为 54 kDa,是病毒复制非必需蛋白。蔺萌等人克隆了 *gN* 基因,并分析该蛋白含有 2 个跨膜区和 1 个信号肽。转录和表达结果表明,gN 蛋白是 DEV 的晚期表达蛋白,但需进一步确认。亚细胞定位结果显示,gC 蛋白主要分布在 DEF 细胞的胞质区,并聚集在胞核附近的区域。同时研究表明,gN 和 DEV 的另一种糖蛋白 gM 存在共定位现象,同时针对 *gN* 基因序列设计特异性引物建立 PCR 方法,可用于 DEV 的临床诊断。目前,国内外针对 DEV gN 的序列和功能研究均鲜有报道。

gM 蛋白是由 *UL*10 基因编码的糖蛋白,基因全长 1 230 bp,由 409 个氨基酸组成,分子量约为 54 kDa,为病毒复制非必需蛋白。周涛等人克隆了 *gM* 基因并进行了生物信息学分析,DEV 的 gM 与其他 α 疱疹病毒科成员的氨基酸序列同源性较高，提示它们可能具有相似功能，转录结果表明，在感染后 0.5 h 最早检测到 *UL*10 基因的转录产物，36 h 快速增加，60 h 达到了峰值，72 h 后相对下降。

gL 蛋白是由 *UL*1 基因序列编码的糖蛋白，基因全长 711 bp，由 236 个氨基酸组成，分子量约为 26 kDa，为病毒复制必需蛋白。左伶洁克隆了 *gL* 基因序列并进行了生物信息学分析，原核表达包含了主要抗原表位区域的蛋白并制备了兔源多克隆抗体，转录和表达结果表明，gL 蛋白是 DEV 的晚期表达蛋白，亚细胞定位结果显示 gL 蛋白主要分布在 DEF 细胞的胞质区，另外还发现该蛋白与 gH 蛋白具有明显的共定位现象，提示二者在空间上有相互作用的可能。DEV 的 *UL*1 基因序列与 *HSV*－1 的同源性较差，但二者的细胞定位却是一致的。

gH 蛋白是由 *UL*22 基因编码的糖蛋白，基因全长 2 505 bp，由 834 个氨基酸组成，分子量约为 76.7 kDa，为病毒复制必需蛋白。金映红等人克隆了 DEV 的 *gH* 基因，并对部分片段进行原核表达，以其作为包被抗原建立间接 ELISA 方法。汤海宽等人研究发现 gH 的细胞定位主要在细胞外膜。

gK 蛋白是由 *UL*53 基因编码的糖蛋白，基因全长 1 032 bp，由 343 个氨基酸组成，分子量约为 38 kDa，为病毒复制必需蛋白。张顺川等人克隆了 *gK* 基因序列并进行了生物信息学分析，原核表达包含了主要抗原表位区域的蛋白并制备了兔源多克隆抗体，转录和表达结果表明，gK 蛋白是 DEV 的即早期表达蛋白，亚细胞定位结果显示 gK 蛋白主要分布在 DEF 细胞的胞质区，并推测该蛋白参与病毒包装、成熟及释放等过程。而在感染鸭体内哈德腺、胸腺、肺脏、肾脏、肝脏、盲肠、直肠及十二指肠均有 gK 蛋白的阳性信号，而在心脏和脾脏中信号较弱。

gG 蛋白是由 *US*4 基因编码的糖蛋白，基因全长 1 380 bp，由 459 个氨基酸组成，分子量约为 42 kDa，为病毒复制非必需蛋白。张远龙等人对 DEV 河南株 *gG* 基因与 GenBank 收录的 DEV 病毒毒株及其他疱疹病毒的 *gG* 基因序列进行比较，结果说明 DEV 毒株间 *gG* 基因的核苷酸同源性较高，而与其他疱疹病毒 *gG* 基因序列核苷酸同源性较低。杨晓圆等人克隆了 *gG* 基因序列，进行了原核表达并制备了兔源多克隆抗体，利用截短表达的蛋白作为包被抗原建立间接 ELISA 方法；转录和表达结果表明，gG 蛋白是 DEV 的早期表达蛋白，亚细胞定位结果显示 gG 蛋白主要分布在 DEF 细胞的胞质中。

gJ 蛋白是由 *US*5 基因编码的糖蛋白，基因全长 1 620 bp，由 539 个氨基酸组成,分子量约为 50 kDa,为病毒复制非必需蛋白,与 HSV 的同源性较差。胡小欢等人克隆了 *gJ* 基因序列并进行了生物信息学分析,原核表达截短基因的蛋白并制备了兔源多克隆抗体。

1.3 细胞自噬

1.3.1 细胞自噬的概况及发生过程

自噬(autophagy)是生物体内一个保守的生物学过程,通过溶酶体对外源微生物、胞内长寿蛋白以及衰老的细胞器的吞噬、降解,从而实现能量的再循环。1963 年,比利时科学家 Christian de Duve 首次提出“自噬”一词,尽管至今已有超过 60 年的历史,但是我们却始终在学习细胞内这个不可思议的保守的降解机制。自噬是一个保守和复杂的过程,并由自噬相关基因(autophagy - related gene,*ATG*)调控,ATG 首先由 Yoshinori Ohsumi、Michael Thumn 和 Daniel Klionsky 等人在酵母菌中发现,其中 Yoshinori Ohsumi 因细胞自噬分子和机制的发现获得了 2016 年诺贝尔生理学或医学奖。起初,科学家们认为自噬是一个非选择性降解过程,但后来发现其具有一个精密的调控机制,对细胞器、结构或者大分子均具有很高选择性。根据介导、输送细胞内成分到溶酶体机制的不同,自噬主要可被分为三个类型:巨自噬(macroautophagy),微自噬(microautophagy)和分子伴侣介导的自噬(chapeon - mediated autophagy)。巨自噬(即通常所说的自噬)是待降解细胞成分拥挤成为双层膜囊泡,形成自噬体(autophagosome),并和溶酶体融合成自噬溶酶体(autophagolysosome)。在某种情况下,内吞体(endosome)也可以和自噬体融合产生自噬内吞体(amphisome),这是一个单层膜结构,提供了内吞和自噬路径的紧密联系。一旦自噬体或自噬内吞体与溶酶体融合(形成自噬溶酶体),溶酶体中的特异性的酶会快速降解囊泡中的内容物并加以循环利用。其中,自噬体是由一个叫作吞噬泡(phagophore)的膨胀杯状双层膜结构形成的。完整的细胞自噬过程包括起始、成核、延伸、自噬体形成、融合和降解等环节,其中每一步均受到严格调控(图 1 - 3)。尽管自噬体形成的起始点好像是在内质网区域,但线粒体、脂滴、ERGIC 囊泡、高尔基体、自噬体和内质网胞质膜接触位点也都参与了自噬体的形成。至今在酵母中已鉴定出

30多个ATG,其中18个ATG蛋白参与了自噬体的形成。其中,许多基因在多细胞的生物体内也具有同源性或者相似的功能。在动物细胞中,ATG8家族成员微管相关蛋白1轻链3(microtubule - associated protein 1 light chain 3, MAP1LC3/LC3)是自噬路径的中心,在自噬体形成和成熟过程中都具有重要作用。当自噬被激活的时候,经过磷脂酰乙醇胺修饰的LC3(LC3Ⅱ)被广泛作为自噬体形成和逐渐积累的标志。

选择性自噬则是指能通过识别自噬受体特异性吞食胞质内容物和货物的过程。在这些受体中,p62/SQSTM1和货物接触,如泛素化损伤的线粒体或胞内的细菌,靶向运输它们形成自噬体。在选择性自噬过程中,通过这些货物和自噬受体的接触,LC3也具有一定的功能性。自噬是一个紧密的、动态的、多步骤的过程。像其他细胞内的途径一样,它可以被正向或反向调控。我们已经意识到LC3Ⅱ自噬体的正向积累并不能总是反映自噬活性的增加,也有可能是封闭了自噬溶酶体的降解过程,由于p62和LC3会被自噬溶酶体降解,所以它们的周转可用于细胞内完全自噬流的监测。

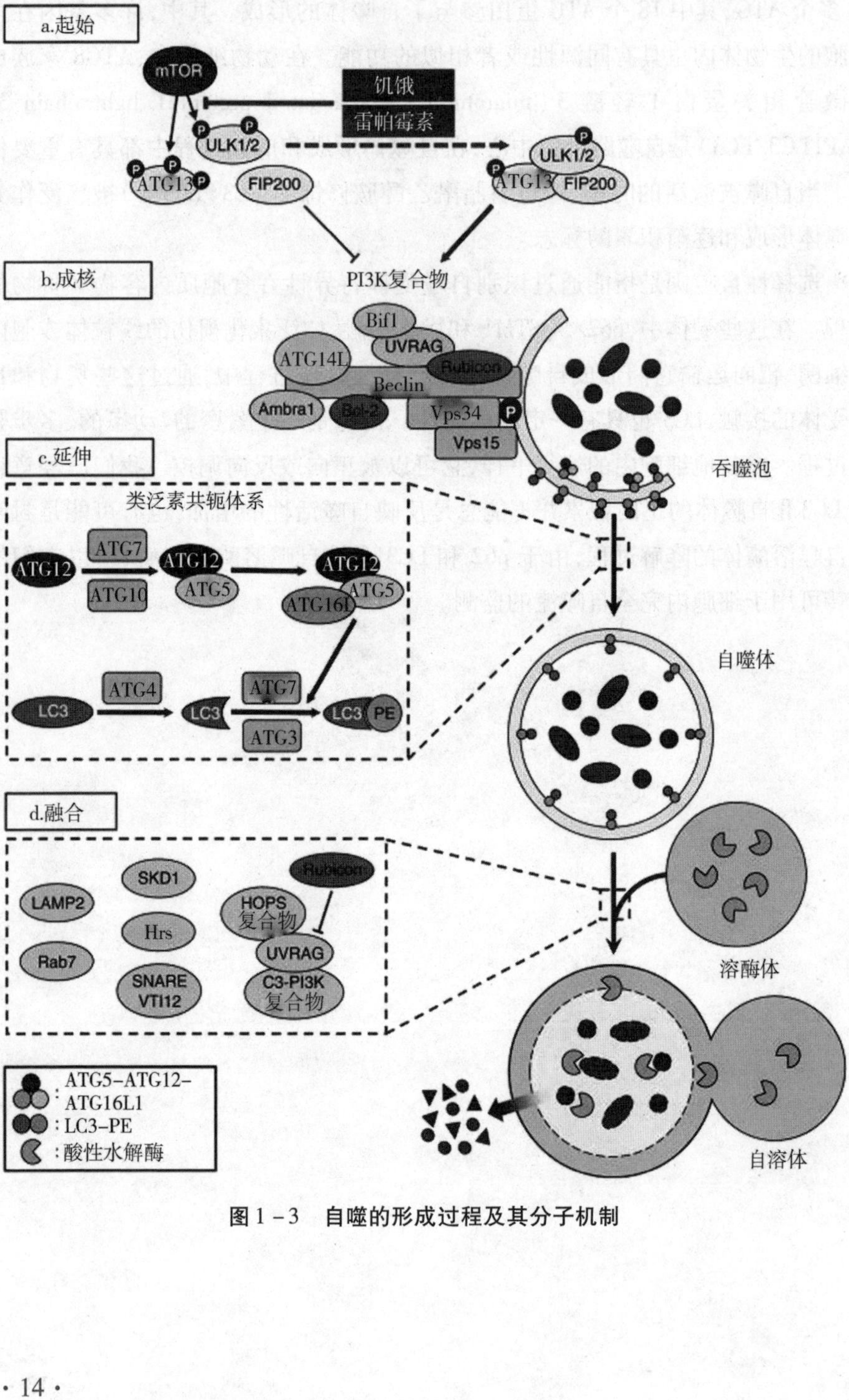

图 1－3　自噬的形成过程及其分子机制

1.3.2 自噬与疱疹病毒

(1) 自噬介绍

自噬,从酵母到人类,都展现出了其进化的保守性。这种过程维持了细胞内环境的稳定,清除功能失调的细胞器、蛋白质聚集物以及老化蛋白质。在面对如营养饥饿、氧化应激、缺氧、内质网应激和代谢应激等压力状况下,细胞能依靠自噬来降解和循环受损的大分子,从而生存下去。自噬可根据其将细胞内成分传递到溶酶体的机制进行分类,主要分为巨自噬、微自噬和分子伴侣介导的自噬。当膜囊泡内的自噬货物传递到溶酶体进行降解时,我们称这个过程为巨自噬。自噬的最具特征的形式是巨自噬,它通常也被简单地称为自噬。而当溶酶体膜内化货物到由膜内陷形成的囊泡中时,这一过程被称为微自噬。它有助于蛋白质和细胞器的降解,无论是整体的还是选择性的。此外,被降解的胞质蛋白也能通过溶酶体膜上的蛋白质易位系统进入溶酶体,这一过程被称为分子伴侣介导的自噬。细胞器质量的维持,是通过自噬选择性地消除细胞器来实现的,这一过程被称为细胞器吞噬,包括前吞噬、线粒体自噬和网状自噬。

自噬是一种细胞内的自然过程,涉及细胞膜系统形成自噬小体,这些小体能够包裹并降解细胞质、细胞器或特定的蛋白质。自噬小体在完成其功能后,会与溶酶体融合,形成自噬溶酶体。在此过程中,自噬小体的内容物被完全降解,从而维护细胞的内部平衡,并促进细胞器的更新。这一过程受到自噬相关基因(*ATG*)的精密调控,这些基因对分子信号通路产生影响。自噬通量是描述整个自噬过程的术语,它揭示了自噬如何精确地处理特定的物质,如聚集的蛋白质、受损的线粒体、过量的过氧化物酶体以及入侵的病原体。自噬具有多个阶段,从起始、成核、成熟到最后的融合和降解。在起始阶段,细胞开始为自噬过程做准备;成核阶段则是形成自噬小体的关键步骤;成熟阶段则涉及自噬小体的扩大和内容的填充;最后的融合和降解阶段则涉及自噬小体与溶酶体的融合,以及内容物的完全降解(图 1-4)。

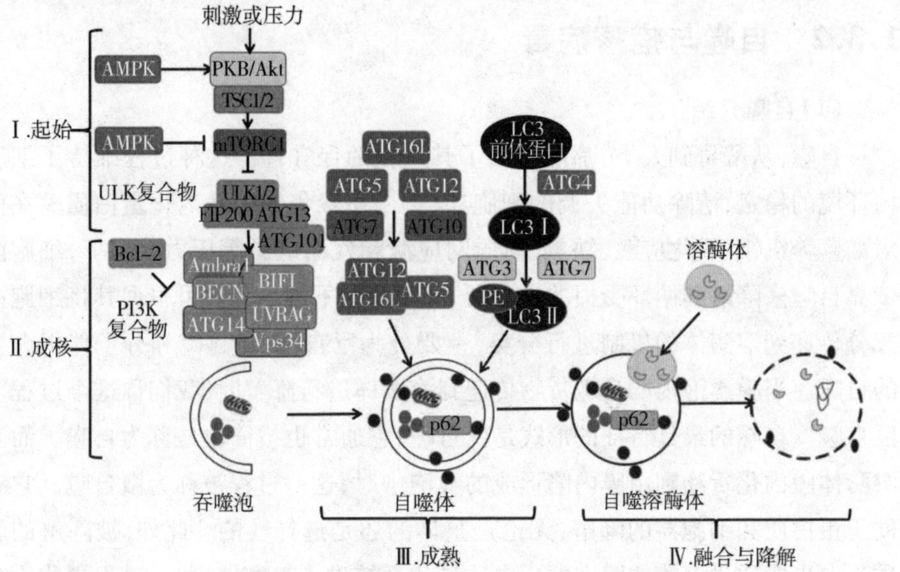

图 1－4　哺乳动物自噬调节的分子机制

注：自噬过程包括几个阶段，分别为起始（Ⅰ）、成核（Ⅱ）、成熟（Ⅲ）、融合和降解（Ⅳ）。同样的颜色表示蛋白质或分子参与一个复合物；黑色圆圈表示自噬体；灰色圆圈表示溶酶体。

哺乳动物雷帕霉素靶蛋白（mTOR）是一种在进化过程中保持稳定的丝氨酸/苏氨酸激酶，它是自噬的重要负调控因子。mTOR 扮演着细胞内信号的传感器的角色，能感知如饥饿、氧化应激、能量应激和病原体感染等多种刺激。在面对这些应激时，mTOR 能够直接或间接地诱导自噬的激活，从而保护细胞免受损伤。另一方面，蛋白激酶 B（PKB/Akt）通路在感知应激或病原体感染时被激活，随后磷酸化结节性硬化症复合物 2（TSC2）进一步激活 mTOR 复合物 1（mTORC1）。这一系列反应最终导致自噬受到抑制。与此相反，自噬的激活是由 5 个细胞激酶——AMP 活化蛋白激酶（AMPK）所驱动的。AMPK 在监测细胞能量和 ATP 水平中起到关键作用。在应激或刺激条件下，mTORC1 激活 UNC－51 样激酶（ULK）1/2 复合物。这个复合物由 ULK1 或 ULK2 激酶、ATG13、FIP200 和 ATG101 组成，并抑制自噬途径。在哺乳动物系统中，自噬小体的产生并不局限于特定的细胞区域，而是在整个细胞质的多个位点上启动的。除此之外，还有许多独立的信号通路，如内质网应激信号通路、磷脂酰肌醇信号通路等，它们都可以影响自噬的进程。

在起始之后，细胞膜开始出现膨胀，并逐渐形成核心结构，在这个阶段中，我们称之为吞噬体的囊泡，其主要行使着双膜隔离室的职责。其中，一个由磷脂酰肌醇3激酶（PI3K）复合物介导的过程对于吞噬体的形成起着关键作用。这个复合物，具体来说，由三个核心成分构成：Vps34、Vps15以及Beclin-1。而其活性的调节依赖于各种正向或负向调控因子。特别值得一提的是，Beclin-1作为细胞膜成核的关键蛋白之一，其与Bcl-2的相互作用对自噬过程具有显著的抑制效果。然而，当这种相互作用被打破时，Beclin-1能与脂质激酶Vps34结合，从而促进膜的成核过程。此外，Beclin-1还与其他多种成分如抗紫外线辐射相关蛋白（UVRAG）、RUN结构域蛋白、富含半胱氨酸结构域的蛋白、ATG14L、Beclin-1调节的自噬激活分子（Ambra1）和液泡膜蛋白1（VMP1）等进行相互作用，对膜的形成进行复杂的调节。

在膜核形成部位积累的招募PI3P的自噬蛋白能结合更多的ATG，这是扩展和关闭自噬体膜所必需的步骤。在扩展和自噬体形成阶段，存在两组泛素样结合系统：ATG12-ATG5-ATG16L1系统和LC3系统。ATG7和ATG10的E1酶和E2酶作用是催化ATG12与ATG5的共价连接。连接后，ATG16L1被招募形成ATG12-ATG5-ATG16L1复合物，该复合物具有E3酶功能，作为第二组泛素样结合系统。相比之下，LC3系统涉及LC3蛋白和脂质分子磷脂酰乙醇胺（PE）的组合。LC3前体蛋白被ATG4切割，暴露其羧基末端的甘氨酸残基，从而与PE结合。ATG7（E1类似物）和ATG3（E2类似物）的活性也导致LC3-PE（也称为LC3Ⅱ）的连接，这是自噬的标志。

自噬小体形成后，其膜包裹自噬囊泡，被运输至溶酶体进行降解。在此过程中，自噬相关的LC3被降解并得以循环利用。一些关键蛋白，如可溶性N-乙基马来酰亚胺敏感的融合蛋白附着蛋白受体（SNARE）蛋白（包括合成蛋白17和囊泡相关膜蛋白8）、溶酶体整合素、溶酶体相关膜蛋白2（LAMP2）和Ras GTPase（RAB）蛋白，在自噬体-溶酶体融合中起到了关键作用。自噬体与溶酶体的融合使得其内容物被溶酶体蛋白酶降解，降解产物如氨基酸和脂肪酸被细胞质重吸收并用于各种代谢过程。

自噬在先天免疫中起到了重要作用。先天免疫系统通过分泌炎症介质对抗微生物感染，而自噬则参与了炎症的控制，并对先天免疫系统的正常功能起到至关重要的作用。红细胞素作为自噬的主要调节因子，能够终止病原体识别受体诱导的细胞因子的产生,防止炎症反应的失控。此外,自噬通过直接调节炎症细胞因子的分泌,抑制炎症通路,从而控制炎症反应。自噬介质能够识别泛素化的脂肪来源的基质细胞(ASC),并诱导炎症小体的选择性降解,进而抑制 IL-1b 和 IL-18 的产生。除了调节 NLRP3 炎症小体的激活外,自噬还能通过前 IL-1b 的溶酶体降解来控制 IL-1b 的产生。此外,自噬还调节其他促炎信号因子,如通过降解 Bcl-10 来减少抗原激活的 T 细胞中的 NF-κB 的激活。一些自噬蛋白也参与了先天免疫过程,如 Beclin-1、ATG5、ATG7、ATG9、ATG16L1 等。在某些类型的细胞中,ATG 能够抑制Ⅰ型干扰素(IFN)和细胞因子的产生。例如,ATG5-ATG12 偶联通过招募 RIG-Ⅰ、MDA5 和 IPS-1 等结构域和相互作用来抑制Ⅰ型 IFN 的产生。同样地,在 *ATG5* 缺陷的小鼠胚胎成纤维细胞中,线粒体功能障碍导致 ROS 水平升高,增强 RLR 信号,导致大量 IFN-α和 IFN-β 的产生,进而抑制水泡性口炎病毒(VSV)的复制。中和 IFN-α 和 IFN-β 可以逆转 VSV 复制的抑制效果,进一步证明了自噬在维持细胞稳态和清除失调线粒体方面的重要作用,以及防止 RLR 通路失调的机制。此外,有报道称,与 cGMP-AMP(cGAMP)结合后,STING 易位至 ERGIC,作为 WIPI2招募和 LC3 脂化的膜来源,导致细胞质 DNA 或病毒 DNA 被溶酶体降解。这些结果表明,自噬的诱导是 cGAS-STING 途径的原始功能,揭示了一种新的抗病毒途径——通过自噬调节的先天免疫发挥作用。

自噬在适应性免疫中扮演着重要角色,尤其在主要组织相容性复合体(MHC)Ⅰ类和Ⅱ类分子的功能中起到至关重要的作用。这些分子分别识别 CD8+T 细胞和 CD4+T 细胞,从而影响免疫反应。对于具有 *NOD2* 和 *ATG16L1* 风险变异的克罗恩病患者,其树突状细胞(DC)的自噬诱导存在缺陷,这影响了 MHCⅡ类抗原呈递。相反,雷帕霉素诱导的自噬能够增强巨噬细胞中分枝杆菌抗原的呈现,进一步刺激 CD4+T 细胞的反应。自噬小体能捕获细胞内抗原,这些抗原随后被双噬小体(自噬小体与核内体的结合)降解,并呈现在 MHCⅠ类分子上,供 CD8+T 细胞识别。例如,单纯疱疹病毒 1 型(HSV-1)这样的病原体能够启动这一过程,触发内源性病毒抗原在 MHCⅠ类分子上的加工和呈递。此外,树突状细胞等抗原提呈细胞能处理 MHCⅠ类呈递的细胞外抗原,这一过程也依赖于自噬。这支持了这样一个观点:抗原提呈细胞能转换经典的Ⅰ型和Ⅱ型 MHC 呈递途径,实现细胞内器官间的信息交流,从而对内源性和外源性抗原产生有效的免疫应答。尽管MHCⅡ类抗原最初被认为是来自细胞外的微生物，但研究表明，在炎症条件下，有2%以上的内源性蛋白能通过自噬产生，成为MHCⅡ类分子的天然配体。因此，自噬可能在潜在的危险应激条件下增强CD4 + T 细胞的免疫监视能力。

(2) DNA 病毒对自噬的调节作用

DNA 病毒分为双链(ds)DNA 病毒、单链(ss)DNA 病毒和 dsDNA/ssDNA 病毒。其中，dsDNA 病毒的种类最为丰富，占所有已知病毒的 37.12%，而 ssDNA 病毒则占 18.29%。值得注意的是，目前仅发现两种类型的 dsDNA/ssDNA 病毒。这些 DNA 病毒分布广泛，涵盖了 25 个科，其中包括许多能够感染人类或动物的病毒种类，如腺病毒科等。

自噬是细胞为了维持内稳态的一种过程，但在病毒感染过程中，这一机制可能被打乱。当细胞受到病毒刺激时，病毒与自噬之间的相互作用就会被触发。自噬作为先天免疫的一部分，具有抵抗病毒的效果；然而，病毒常常通过编码特定蛋白质来逃避或抵抗这一过程。有时，病毒甚至会利用自噬来增强自身的复制或增加潜伏感染的持久性。

目前已知的动物或人类 DNA 病毒与细胞自噬机制之间的相互作用详见表 1-1。针对这些已知的相互作用，我们不禁要问：自噬如何影响 DNA 病毒的复制？特别是在面对如 EB 病毒(EBV)和猪圆环病毒 2 型(PCV2)等重要的人类和动物病原体时，这一问题的探讨更具现实意义。

在接下来的章节中，笔者将深入探讨自噬在 DNA 病毒复制过程中的作用及调节机制。这不仅有助于我们理解自噬如何影响 DNA 病毒的复制，还能为未来的抗病毒治疗提供新的思路和策略。

表 1－1　人类或动物 DNA 病毒与自噬之间的相互作用总结

病毒	宿主	与自噬的相互作用	自噬对病毒复制的影响
腺病毒科			
溶瘤腺病毒	人	溶瘤腺病毒诱导自噬	FADD 诱导的自噬增强有助于病毒的复制和病毒的传播
禽腺病毒血清 4 型（FAdV－4）		FAdV－4 诱导肝细胞自噬	—
疱疹病毒科			
单纯疱疹病毒 1 型（HSV－1）	人	HSV－1 对自噬的调节依赖于细胞类型，大多数研究报道了在 HSV－1 感染过程中自噬的有害影响	通过 MyD88 接头蛋白短暂激活 THP－1 细胞的自噬有利于病毒进入，HSV－1可通过自噬降解
单纯疱疹病毒 2 型（HSV－2）	人	自噬似乎在 HSV－2 感染的成纤维细胞中受到控制	基础自噬促进成纤维细胞中的病毒复制
水痘带状疱疹病毒（VZV）	人	激活完全自噬，抑制自噬通量	VZV 诱导完全的自噬通量，以帮助病毒繁殖，当自噬通量被抑制与上调时，VZV 滴度更高
鸭肠炎病毒（DEV）	水禽	激活完全自噬	DEV 诱导完全的自噬通量来帮助病毒的繁殖
伪狂犬病毒（PRV）	猪	抑制自噬 PRV 通过经典的 Beclin－1－ATG7－ATG5 通路诱导自噬	自噬抑制 PRV 复制，感染增强体外 N2a 细胞中的病毒复制
人巨细胞病毒（HCMV）	人	感染刺激自噬，随后阻断自噬体降解	自噬蛋白或细胞膜参与了病毒的繁殖
小鼠巨细胞病毒（MCMV）	鼠	在感染的早期阶段诱导自噬，随后阻断它	阻断自噬通量，导致自噬小体的积累，这有助于病毒的繁殖

续表

病毒	宿主	与自噬的相互作用	自噬对病毒复制的影响
疱疹病毒科			
卡波西肉瘤疱疹病毒(KSHV)	人	在潜伏期,HHV8编码一个*vFLIP*同源物,通过与ATG3相互作用来抑制自噬。在HHV8重新激活期间,自噬被刺激,RTA单独诱导293T和B细胞自噬小体的形成	在潜伏期,自噬抑制阻断癌基因诱导的衰老、自噬小体中病毒颗粒运输和在病毒再激活过程中自噬的积极作用
EB病毒(EBV)	人	在溶解周期中:自噬通量被阻断,自噬空泡被病毒劫持,进行包膜/排出;在潜伏期中:LMP1和LMP2A刺激自噬有利于细胞存活	在溶解周期中:EBV可能限制病毒成分的溶酶体降解,并劫持自噬空泡;在潜伏期:EBV可以从自噬中获益
恒河猴红细胞病毒	猕猴	在潜伏期,*FLIP*诱导的自噬保护细胞免于凋亡	—
鼠疱疹病毒68(MHV-68)	小鼠和小型啮齿动物	在潜伏期,MHV-68表达一种名为M11的Bcl-2病毒同源物,通过与Beclin-1相互作用阻断自噬	自噬允许病毒从潜伏期重新激活
痘病毒科			
正痘病毒	人	VV-Onco诱导MHCC97-H细胞的自噬	牛痘病毒的复制和成熟并不需要细胞自噬机制
圆环病毒科			
猪圆环病毒(PCV)	猪	PCV2诱导PK-15细胞的自噬	利用自噬机制增强其在PK-15细胞中的复制
细小病毒科			
B19病毒	人	线粒体自噬在B19感染的细胞中特异性发现	3-MA抑制自噬可显著促进B19感染介导的细胞死亡

续表

病毒	宿主	与自噬的相互作用	自噬对病毒复制的影响
		乳头瘤病毒科	
人乳头瘤病毒(HPV)	人	激活的mTOR磷酸化可以使ULK1失活,从而抑制自噬小体的形成	HPV抑制自噬以促进传染性
		非洲猪瘟病毒科	
非洲猪瘟病毒(ASFV)	猪	ASFV不诱导被感染细胞的自噬	诱导自噬减少了被感染细胞的数量
		嗜肝DNA病毒科	
乙型肝炎病毒(HBV)	人	HBV在体内外均能诱导自噬	抑制自噬可抑制HBV的增殖
		多瘤病毒科	
JC病毒	人	—	自噬降解JC病毒蛋白
类人猿病毒40(SV40)	类人猿	SV40 ST抗原激活AMPK,抑制mTOR,并诱导自噬	—
BK多瘤病毒(BKPyV)	人	—	自噬促进BKPyV感染
白斑综合征病毒(WSSV)	虾	在病毒感染的早期阶段,诱导自噬	宿主自噬促进体内病毒感染
家蚕核多角体病毒(BmNPV)	蚕	BmNPV感染可触发自噬	该病毒可能是利用宿主的自噬机制来促进其自身的感染过程
		虹彩病毒科	
传染性脾肾坏死病毒(ISKNV)	鱼	ISKNV在感染早期诱导细胞自噬	—
虹彩病毒	鱼	中国巨蜥原代肾细胞早期感染过程中诱导自噬	—

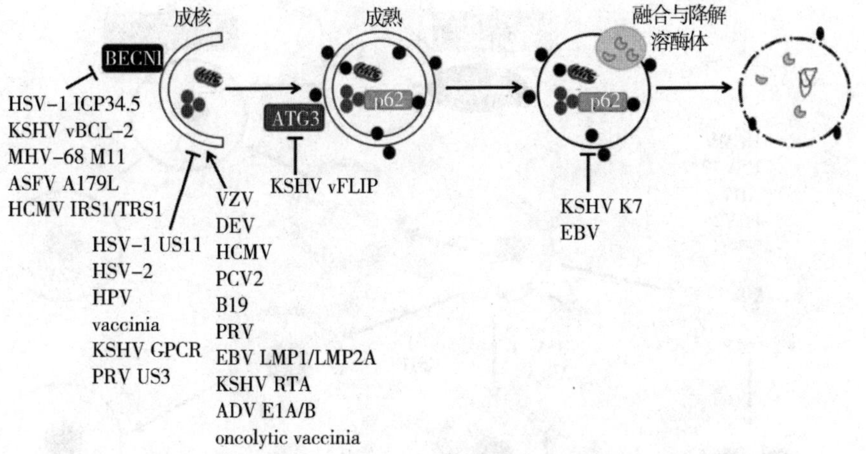

图 1-5 病毒对自噬通路的调节

如图 1-5 所示，一些 DNA 病毒编码的蛋白质与 Beclin-1 相互作用，抑制自噬泡的成核，包括单纯疱疹病毒 1 型（HSV-1）ICP34.5、卡波西肉瘤疱疹病毒（KSHV）vBCL-2、鼠疱疹病毒 68（MHV-68）M11、非洲猪瘟病毒（ASFV）A179L 和人巨细胞病毒（HCMV）IRS1/TRS1。其他病毒编码的蛋白质如 HSV-1 US11、KSHV GPCR 和伪狂犬病毒 PRV US3 以及 HPV 和正痘病毒的不明机制抑制自噬泡的形成。相反，一些 DNA 病毒编码的蛋白质，如 EBV LMP1/LMP2A、KSHV RTA 和 ADV E1A/B，以及 VZV、DEV、HCMV、PCV2、B19、PRV 和溶瘤腺病毒的不明机制诱导自噬泡的形成。KSHV 和 EBV 阻止自噬泡与溶酶体融合以避免降解。箭头表示刺激，而其他符号表示抑制。

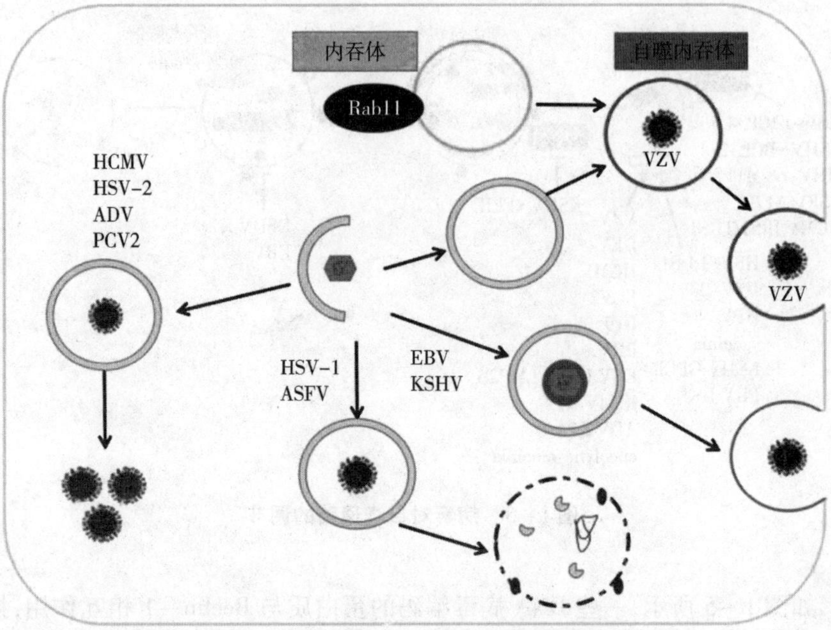

图 1-6　自噬对病毒生命周期的影响

如图 1-6 所示，自噬小体形成后，与细胞内的核内体融合形成中间双噬小体，其中只包含一个或多个水痘带状疱疹病毒（VZV）病毒粒子，可用于从细胞中释放囊泡。自噬体将 KSHV 和 EBV 颗粒运输到细胞表面。此外，自噬促进病毒的包装和组装，在病毒颗粒中发现了自噬途径（LC3），表明 EBV 颠覆自噬机制产生了病毒粒子包膜。自噬抑制了几种 DNA 病毒的复制，如 HSV-1 和 ASFV，但通过影响受感染宿主细胞的生命周期，促进其他几种 DNA 病毒的复制，如 HCMV、HSV-2、ADV 和 PCV2；然而，具体机制尚不清楚。

①疱疹病毒科

在疱疹病毒科中，最早和最全面的研究关注了病毒与自噬之间的关系。一种名为 ICP34.5 的抗自噬蛋白在 HSV-1 中被发现，这种神经毒性蛋白是疱疹病毒科甲疱疹病毒亚科的成员。ICP34.5 与自噬调节的关键因子 Beclin-1 结合，抑制自噬过程。缺乏 *ICP*34.5 基因的病毒则会激活真核翻译起始因子 2α 激酶 2（eIF2AK2）/RNA 激活的蛋白激酶（PKR）通路来触发自噬。人们认为 PKR 有助于饥饿诱导的自噬的调节。

此外,HSV-1感染过程中,表达时间晚于ICP34.5的US11蛋白可以直接与PKR结合,抑制自噬。US11蛋白还破坏了三基序蛋白23-TANK结合激酶1复合物,从而抑制自噬介导的HSV-1感染限制。自噬在成年小鼠HSV-1感染期间起到保护作用,防止脑炎发生,但在新生小鼠中,感染期间的自噬会导致大脑凋亡增加。因此,自噬对HSV-1感染的保护作用取决于动物的年龄。

值得注意的是,自噬在所有类型的细胞中对HSV-1感染的影响并不相同。在原代神经元中,自噬对HSV-1感染的控制至关重要,但在成纤维细胞中则不是必需的。此外,自噬在神经细胞中具有抗病毒作用,但对上皮细胞没有影响。在成纤维细胞、神经细胞和上皮细胞中,ICP34.5可以抑制自噬小体的起始。然而,ICP34.5对不同抗原提呈细胞中自噬的影响则不同。该突变病毒在体内表现出高度的神经衰减,这表明ICP34.5-mediated阻断Beclin-1依赖的自噬是引发神经毒性的重要因素。在树突状细胞中,ICP34.5可以阻断自噬体的成熟,而自噬体通过减少DC抗原呈递来促进免疫逃避。

尽管HSV-1对自噬的调节取决于细胞类型,但大多数研究人员发现,自噬通过增加抗原呈递或减少病毒复制对HSV-1感染产生不利影响。然而,一些研究发现,HSV-1感染可以短暂诱导人单核THP-1细胞的自噬,这种自噬在促进病毒感染中发挥作用。事实上,在HSV-1的高多样性感染前,用自噬抑制剂预处理细胞会导致病毒滴度降低。同样,在THP-1细胞中敲低*Beclin*-1会减少HSV-1的复制。此外,自噬也可能促进病毒进入细胞,但这一机制仍有待进一步研究。

综上所述,HSV-1通过ICP34.5和US11蛋白介导自噬的阻断,以逃避和抵抗抗病毒机制,增加病毒的存活率。此外,HSV-1在感染早期采用下调病毒感染细胞蛋白0(ICP0)介导的p62和OPTN的方式作为逃避宿主的一种新策略。缺乏p62或OPTN的细胞会产生更大的抗病毒反应,而表达外源性p62的细胞显示出的病毒产量较少。尽管HSV-2也拥有编码ICP34.5和US11蛋白的基因,但关于这两种蛋白与HSV-2感染过程中自噬的关系尚未进行深入研究。与HSV-1类似的是,自噬似乎在HSV-2感染的成纤维细胞中受到抑制,但与HSV-1同源物相比,HSV-2的主要神经毒力因子ICP34.5是由一个包含内含子的剪接基因编码的。此外,与Beclin-1和TBK1结合的HSV-1 ICP34.5的N端结构域与HSV-2 ICP34.5只有一定的序列同源性,一个插入似乎破坏了 HSV－2 ICP34.5 结构域中相应的 Beclin－1 和 TBK1 结构。因此，尽管存在自噬抑制病毒蛋白的可能性，但目前尚未确定具体的自噬抑制病毒蛋白。用自噬通量抑制剂巴佛洛霉素处理细胞可减少 HSV－2 的复制，表明自噬有利于成纤维细胞中的病毒复制。在 *ATG5* 缺陷细胞系中观察到的病毒复制也证实了这一观点。然而，HSV－2 利用自噬增强其复制的具体机制还需要进一步研究。

VZV 是甲疱疹病毒亚科的一员，是水痘和带状疱疹的病原体。一些研究表明，VZV 感染触发自噬，并不像 HSV－1 那样干扰这种细胞反应，这可能是因为该病毒不编码能够阻止自噬小体形成的病毒基因产物。在感染后期，野生株和减毒株可诱导不同细胞类型的自噬。在感染 VZV 的患者的活组织切片中，可以观察到大量的自噬体。当使用 VZV 接种免疫缺陷小鼠移植到人皮肤时，会导致 LC3 阳性自噬体的积累。此外，通过双荧光 LC3 报告质粒进行的实验证实，该病毒可诱导受感染的成纤维细胞的自噬。然而，VZV 感染过程中诱导自噬的机制尚不清楚。一种可能性是，VZV 可能通过触发内质网应激来维持细胞内稳态。在 VZV 感染过程中，存在内质网肿胀和未折叠蛋白应答（UPR）启动等内质网应激的证据。

最近的研究表明，VZV 的 rOka 和 vOka 菌株具有抑制 mTOR 介导的自噬通量的能力，尤其是在自噬体－溶酶体融合或随后的降解阶段。细胞相关的 rOka 与 vOka 相比，表现出更显著的抑制效果，特别是在饥饿条件下。为了证明自噬对 VZV 复制的影响，Pichan 等人使用不同的策略调节自噬，并分析了病毒参数，如感染性和病毒蛋白表达。他们发现，使用 3－甲基腺嘌呤（3－MA）处理细胞抑制自噬后，VZV 感染的人黑色素瘤细胞的病毒增殖降低，病毒感染性减弱。此外，3－MA 处理降低了 VZV 糖蛋白 gE 的表达，而自噬激活剂海藻糖增加了其表达。与缺乏 ATG5 的细胞相比，gE 和 gI 的分子量降低。这表明病毒糖蛋白的合成在自噬缺陷的细胞上受到影响，导致 gE 二聚体的积累。由于病毒糖蛋白的合成会引发内质网应激，因此一种假设是自噬有助于减轻这种应激，并确保糖蛋白的正确合成。另一项研究揭示了 gE、LC3 和 RAB11 的共定位现象。研究人员使用免疫电子显微镜发现，含有包膜病毒粒子的囊泡只是单层的，因此不具有自噬小体的特征。这表明在二次包膜后，一些病毒颗粒聚集在单膜囊泡室的异质群体中，并被来自内吞途径（Rab11）和自噬途径（LC3）的成分标记。

这些囊泡可能是只包含一个或多个病毒粒子的自噬核内体,可用于从细胞中释放囊泡。巴佛洛霉素A1是一种抗自噬抗生素,它通过改变反式高尔基网络的pH来破坏VZV衣壳的次级包膜位点,从而阻止病毒组装室的形成。

鸭肠炎病毒(DEV)属于疱疹病毒科的甲疱疹病毒亚科,可在鸭、鹅和其他家禽中引发急性脓毒症的一类传染性疾病。在鸭胚成纤维细胞(DEF)中,我们发现DEV能够触发自噬现象,表现为细胞质中出现自噬小体样的双膜或单膜囊泡,以及绿色荧光蛋白(GFP)标记的LC3点。此外,LC3Ⅰ和LC3Ⅱ的转化率上升,以及p62/SQSTM1的减少,均证明发生了完整的自噬过程。在DEV感染48 h后,我们观察到细胞ATP水平下降。

我们还发现,DEV感染能够激活代谢调节因子AMPK,并抑制mTOR的活性。有趣的是,在AMPK抑制mTOR、下调自噬和DEV复制的情况下,AMPK的表达并未发生改变。然而,当使用siRNA抑制AMPK时,结节性硬化症复合物2(TSC2)的激活受到阻碍。因此,我们的研究结果表明,被DEV损伤的细胞的能量代谢通过AMPK－TSC2－mTOR信号通路促进自噬。

此外,我们的研究还发现,内质网应激是由DEV感染引发的。这一点可以通过内质网应激标志物葡萄糖调节蛋白78基因(*GRP*78)的表达增加和内质网形态的扩张来证实。在DEV感染的DEF细胞中,与UPR相关的通路,包括PKR样激酶(PERK)和人需肌醇酶1(IRE1)通路而非转录激活因子6(ATF6)通路被激活。并且,当我们使用siRNA敲除*PERK*和*IRE*1时,LC3Ⅱ水平和病毒产量均有所降低,这表明PERK－真核翻译起始因子2α(eIF2α)和IRE1－X－box蛋白1(XBP1)信号通路可能有助于DEV诱导的自噬。我们还探索了自噬与DEV复制之间的关系。实验结果表明,当使用wortmannin和LY294002抑制PI3K信号通路和自噬的早期阶段时,LC3Ⅰ向LC3Ⅱ的转化减少,说明自噬受到了抑制。同时,在不同时间点,经过LY294002处理的感染细胞中恢复的子代病毒数量低于模拟细胞。为了进一步探讨自噬与DEV复制之间的关系,我们用雷帕霉素处理DEF细胞以抑制mTOR的活性并促进细胞自噬。结果显示,雷帕霉素处理的DEV感染细胞的LC3Ⅱ/LC3Ⅰ比值高于未处理的DEV感染细胞,这表明雷帕霉素促进了感染细胞的自噬。在不同时间点,从雷帕霉素处理的细胞中收集的子代病毒数量也高于模拟细胞。

伪狂犬病毒(PRV)是甲疱疹病毒亚科中的一种疱疹病毒,具有广泛的宿主范围。在感染早期,PRV 病毒粒子诱导自噬而不需要病毒复制,而当病毒蛋白表达时,PRV 降低了几种受纳细胞类型的自噬基础水平。此外,Sun 等人发现,PRV 被膜蛋白 US3 通过激活 PI3K/Akt 通路来抑制自噬反应。据报道,雷帕霉素诱导自噬,从而减少 PRV 复制,而 3 - MA 抑制自噬,抑制内源性 ATG5 和 LC3B,促进 PRV 复制。然而,Xu 等人发现,PRV 通过经典的 Beclin - 1 - ATG7 - ATG5途径诱导自噬,从而增强病毒在体外 N2a 细胞中的复制。由于在这两项研究中使用的感染剂量是不同的,高 MOI 可能是产生 Sun 等人实验结果的一个重要原因。未观察到 PRV 感染后自噬的诱导作用。

人巨细胞病毒(HCMV)是一种普遍存在的病毒,属于疱疹病毒科。在 HCMV 感染的早期阶段,自噬小体和自噬通量的增加被诱导,这一过程不依赖于病毒蛋白的合成。到了感染后期,HCMV 则通过病毒蛋白的表达来抑制细胞内的自噬。此外,HCMV 还具备一些与自噬相关的特殊机制。例如,其内部重复序列 1(IRS1)和末端重复序列 1(TRS1)能阻断不同细胞系的自噬,并与自噬蛋白 Beclin - 1 相互作用。在 HCMV 感染过程中,自噬在感染早期被诱导,但在后期受到抑制。研究表明,自噬诱导剂雷帕霉素有利于 HCMV 的复制,而使用自噬抑制剂 Spautin - 1 处理细胞可降低病毒的滴度。不过,海藻糖可以通过触发自噬来抑制 HCMV 复制,这又与上述结论相矛盾。总之,HCMV 与自噬之间的特异性关系还需进一步研究。

卡波西肉瘤疱疹病毒(KSHV),也被称为 HHV8,属于人类 γ 疱疹病毒亚科。这种病毒编码了几种模拟细胞同源物的蛋白质,其中,病毒 *Bcl* - 2 和病毒 *fas* 基因相关的死亡结构域样白介素 IL - 1β 转化酶抑制蛋白(FLIP)与细胞内的 *Bcl* - 2 和 *FLIP* 相对应。这些蛋白质不仅防止细胞死亡,而且对自噬过程具有显著的影响。例如,病毒 FLIP 能够抑制自噬,通过阻止 ATG3 与 LC3 的结合,从而处理 LC3。研究显示,KSHV 复制和转录激活因子(RTA)能够诱导自噬,从而促进 KSHV 的裂解周期。然而,RTA 同时也能阻断自噬的最后阶段。实验证明,当 RTA 被沉默时,Ras 相关蛋白 Rab - 7a(RAB7)的下调成为导致自噬阻断的重要机制之一。此外,有报道称 KSHV 裂解蛋白 K7 在 KSHV 裂解周期中通过与 Rubicon 的相互作用来阻断自噬小体的成熟。其他在裂解周期中表达的 KSHV 蛋白如病毒 G 蛋白偶联受体(GPCR),也可能通过激活 PI3K/Akt/mTOR 信号通路来负调控自噬。在抑制潜伏感染 KSHV 的 Vero 细胞的自噬途径中,

3－MA 也被使用。研究表明，3－MA 能够降低 KSHV 溶解的再活化，尤其是在早期阶段。这种减少可能是由于 3－MA 对自噬的影响。此外，RTA 介导的裂解复制也能够抑制自噬。

EB 病毒（EBV）是一种 γ 疱疹病毒，能够建立潜伏感染，并引发多种上皮性和淋巴样恶性肿瘤。有研究指出，裂解蛋白能够通过激活细胞外信号相关激酶 1/2（ERK1/2）来诱发自噬。此外，病毒潜伏膜蛋白（LMP）1 和 LMP2A 在潜伏期也能激活自噬，促进癌症的发生、转移、侵袭和分化。值得注意的是，EBV 会抑制自噬的最后阶段，从而保护病毒不被溶酶体蛋白酶分解。在关于自噬对 EBV 复制影响的研究中，研究人员发现 ATG12 和 ATG16 的沉默可以使溶解性 EBV 感染的 293/EBV 野生型细胞中 EBV 颗粒的产生减少 60%～80%。相反，通过药理刺激，自噬可以增加感染性颗粒的产生。这表明自噬在 EBV 胞质成熟中起到了关键作用。此外，研究还发现 LC3Ⅱ存在于纯化的 EBV 病毒颗粒中，这表明在细胞质成熟过程中，LC3Ⅱ被并入 EBV 中，进一步证实了自噬膜参与了人类肿瘤病毒的最终包膜过程。研究还发现，自噬的早期阶段抑制会损害 EBV 的复制，并且病毒颗粒可以在产生细胞质自噬囊泡中被观察到，这表明 EBV 可能通过自噬机制进行运输，进而增强病毒复制。总体而言，抑制自噬的早期阶段或采用克服自噬阻断的策略，有助于消除溶酶体的自噬小体中的病毒和细胞膜，并作为 EBV 复制周期的一部分。最近的一项研究显示，p62 介导的选择性自噬在 EBV 潜伏期被组成性诱导，并与 ROS－Keap1－NRF2 通路活性相关，这表明其在病毒潜伏期调节 DNA 损伤应答中发挥了关键作用。

鼠疱疹病毒 68（MHV－68）引起小鼠淋巴细胞疾病。在潜伏期，MHV－68 M11 通过与 Beclin－1 相互作用阻断自噬。此外，M11 对自噬的抑制在维持潜伏期中起着重要作用，但对潜伏期的建立没有明显的影响。

②腺病毒科

溶瘤腺病毒是一种经过基因工程改造的腺病毒，具有选择性地在肿瘤细胞内复制和裂解的能力。这种病毒能诱导肿瘤细胞产生自噬现象，而 E1A 蛋白和 E1B 蛋白在这一过程中起到了至关重要的作用。E1A 蛋白能与视网膜母细胞瘤（RB）肿瘤抑制因子结合，导致 E2F－E2F1 复合物中的 E2F1 被释放。E2F1 的激活能够上调自噬相关蛋白 ATG5 和 LC3 的表达，进而诱导自噬的发生。另一方面，E1B 蛋白则能与 Bcl－2 蛋白竞争性地结合到 Beclin－1 相互作用组中，导致 Beclin－1－Bcl－2 复合物的解离，从而诱导自噬。值得注意的是，与 Beclin 和 HSV－1 ICP34.5 结合时发生的自噬抑制相反，去除自噬的负调控因子 Bcl－2，并将 E1B 整合到 Beclin 复合物中，有利于Beclin－1和 PI3KCⅢ之间的相互作用，这进一步促进了自噬小体的形成。当病毒感染后诱导自噬时，溶瘤腺病毒也会诱导肿瘤细胞的裂解，从而实现病毒的扩增。由于高水平的自噬可以诱导细胞裂解，因此我们可以通过抑制自噬的策略来延长肿瘤细胞的寿命，从而抑制病毒的传播。

③乳头瘤病毒科

人乳头状瘤病毒（HPV）是一种具有环状基因组的 dsDNA 病毒，属于乳头瘤病毒科，可导致宫颈癌。根据一项研究，HPV 病毒粒子被硫酸肝素蛋白聚糖包裹，这些蛋白聚糖与靶细胞和 PKB/Akt 质膜上的表皮生长因子受体（EGFR）以及磷酸酶和紧张素同源物（PTEN）相互作用，导致 mTOR 的磷酸化和激活。激活的 mTOR 可以使 ULK1 失活，从而抑制自噬小体的形成。像许多其他病毒一样，HPV 通过操纵自噬来促进被病毒感染的宿主细胞的生命周期。通过抑制自噬，致癌的 HPV 病毒促进结合和内化，以支持受感染的上皮细胞的增殖，显著促进癌症进展。HPV16 是一种高危 HPV，是一种致癌病毒，在其整个生命周期中都具有控制自噬的能力。有重要的证据表明，HPV16 病毒蛋白在感染的每一个步骤和不同的肿瘤发生过程中，通过靶向调控自噬途径的不同阶段来抑制自噬。然而，关于低危血清型感染和高危血清型感染在自噬中的作用方面的相似性和差异性的研究却很少。

④圆环病毒科

PCV2 属于圆环病毒科中的圆环病毒属，是引起猪圆环病毒相关疾病的主要病原体。其基因组为单链闭合环状 DNA，大小约为 1.7 kb。一项研究表明，在 PCV2 感染的 PK－15 细胞中，AMPK 和 ERK1/2 通过磷酸化 TSC2 对 mTOR 信号通路起负调控作用。因此，PCV2 可能通过 AMPK－ERK－TSC2/mTOR 信号通路诱导自噬。无论是在体内还是体外，赭曲霉毒素 A（OTA）在 PK－15 细胞中诱导自噬并促进 PCV2 复制。在后期阶段通过抑制溶酶体活性抑制自噬的 3－MA 和氯喹可以显著减弱 OTA 诱导的 PCV2 复制。这些结果通过 siRNA 敲低 *ATG5* 和 *Beclin－1* 得到了证实。进一步的实验表明，作为 ROS 清除剂的 N－乙酰－L－半胱氨酸可以阻断由 OTA 诱导的自噬，表明 ROS 可能参与了 OTA

诱导的自噬的调节。此外,75 g/kg 的 OTA 处理也显著增加了猪的肺、脾、肾和支气管淋巴结中的 PCV2 复制和自噬。总之,这些结果表明 OTA 诱导的自噬在体内和体外均促进 PCV2 复制。此外,自噬通过氧化应激保护宿主细胞免于发生潜在的凋亡并促进 PCV2 复制,这可能部分解释了 PCV2 与氧化应激诱导的自噬之间的关联。

⑤细小病毒科

人细小病毒 B19(B19)属于细小病毒科的红细胞细小病毒属。其基因组由 5.6 kb 的 ssDNA 组成。免疫荧光共聚焦显微镜已被用于观察内源性 LC3 染色,以确定病毒是否诱导自噬小体形成。研究发现,B19 感染可诱导细胞自噬。在受感染的细胞中,LC3 Ⅰ 与 LC3 Ⅱ 的比值也显著增加,提示自噬可能参与了 B19 的感染过程。

⑥痘病毒科

痘病毒是痘病毒科痘病毒属的成员。有证据表明,痘病毒通过一种新的分子机制选择性灭活细胞自噬机制,即 ATG12 与 ATG3 的结合,以及随之而来的异常 LC3 脂质化。感染溶瘤痘病毒(其中病毒胸苷激酶基因被插入灭活)通过刺激内质网应激诱导的信号通路,增加人肝细胞癌 MHCC97 - H 细胞的自噬。

⑦多瘤病毒科

JC 病毒(JCV)是一种人神经系统中的多瘤病毒,可引起致命的多灶性脑白质病。一项研究表明,Bag(Bcl - 2 associated athanogene)蛋白家族成员 Bag3 的过表达可通过诱导自噬显著降低 T 抗原的表达水平。有趣的是,这导致胶质细胞中 JCV 感染的抑制,表明 Bag3 的过表达对病毒裂解周期有影响。人类 BK 多瘤病毒(BKPyV)是一种小型的双链 DNA 病毒,可引起肿瘤。BKPyV 感染不仅与自噬体的形成有关,而且在感染的早期阶段与病毒颗粒定位于自噬特异性的细胞器有关。一项研究表明,过量的氨基酸通过抑制自噬减少了 BKPyV 感染。抑制剂 3 - MA、巴佛洛霉素 A1 和 Spautin - 1 也破坏了自噬并减少了病毒感染,而用雷帕霉素处理细胞则增加了感染。此外,用 siRNA 敲除自噬基因 *ATG7* 和 *Beclin - 1* 也导致 BKPyV 感染减少。这些数据支持自噬在促进 BKPyV 感染中的作用。

⑧非洲猪瘟病毒科

非洲猪瘟病毒(ASFV)是非洲猪瘟病毒属的唯一成员。在病毒感染前用雷帕霉素治疗可以减少随后感染的细胞数量,但这一过程如何改变病毒感染尚不清楚。一项研究表明,ASFV 不会通过 LC3 活化和/或自噬体形成诱导感染细胞的自噬。进一步证实,ASFV A179L(一种 vBcl2 同源物),与 Beclin - 1 相互作用可以控制自噬。

⑨嗜肝 DNA 病毒科

乙型肝炎病毒(HBV)是一种严格的嗜肝 DNA 病毒。许多研究已经证明,HBV 在体内外均可诱导自噬。自噬在 HBV 的生命周期中发挥着关键作用,如促进病毒包膜的形成。HBV 通过触发自噬途径来激活其 DNA 复制,抑制自噬可以抑制 HBV 的增殖。在慢性 HBV 感染中,早期自噬有助于 HBV 的复制,从而加重肝脏感染。此外,肝细胞癌(HCC)与 HBV 诱导的自噬密切相关。HBV 诱导的 HCC 中的自噬水平较低,而增加自噬可能抑制 HBV 诱导的 HCC 的发生。自噬激活可以通过自噬细胞死亡和抗肿瘤免疫反应来减缓肿瘤进展。一些 DNA 病毒已经发展出了通过表达特异性的抗自噬蛋白来逃避自噬的策略,如 HSV - 1、ASFV 和 MHV - 68 等病毒。然而,越来越多的证据表明,DNA 病毒不仅抑制自噬,而且还劫持自噬。抑制自噬会导致 HCMV、EBV、DEV 和 PCV2 等病毒的滴度降低,而刺激自噬会促进病毒的增殖。一些病毒还会阻断自噬体的成熟以避免被降解,并利用自噬体的膜来促进病毒颗粒的包封和/或排泄。在培养过程中,自噬可被致癌性疱疹病毒编码的潜伏蛋白激活,以促进细胞存活并实现病毒在体内的长期持久性。因此,DNA 病毒更多是利用自噬而非逃避它。然而,仍需进一步研究痘病毒科和乳头瘤病毒科等 DNA 病毒与自噬的相互作用和机制。

(3)自噬在 DNA 病毒感染免疫应答中的作用

研究表明,自噬在先天免疫和适应性免疫中都起着重要的作用。它通过参与细胞内病毒的捕获、降解和消除来促进先天免疫,并通过制备 MHCⅠ类和 MHCⅡ类呈现的内源性和外源性抗原来促进适应性免疫(图 1 - 7)。

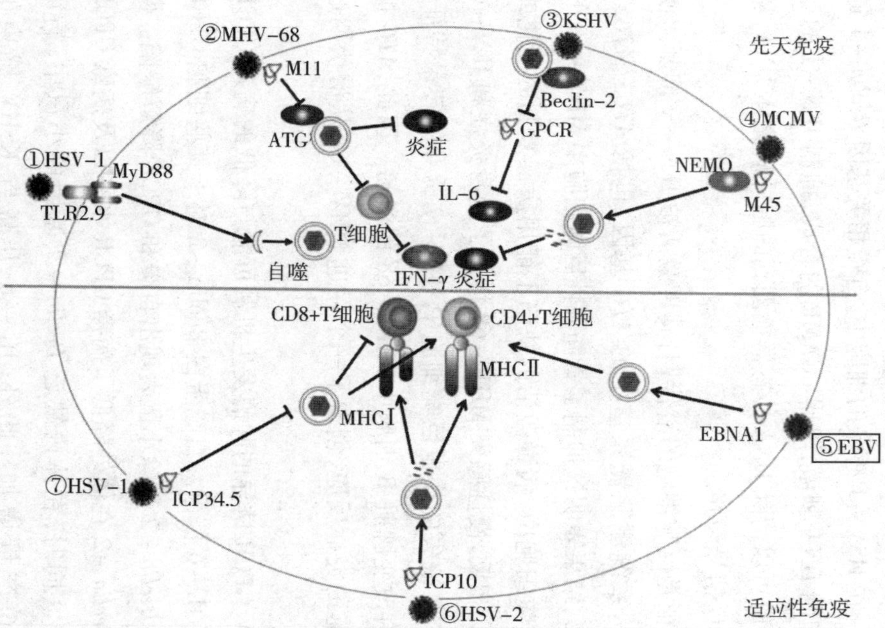

图1－7　自噬和免疫在病毒感染之间的相互作用

注：①HSV－1吸附在细胞表面，通过Toll样受体2（TLR2）和TLR9触发髓系分化初级反应蛋白质88（MyD88）适配器蛋白的募集，从而激活人单核细胞白血病（THP－1）细胞的自噬；②M11与自噬相关基因（ATG）结合，抑制自噬、病毒诱导的全身炎症和γ干扰素（IFN－γ）在T细胞中产生；③研究表明，溶酶体依赖的Beclin－2水平降低了病毒G蛋白偶联受体（GPCR）水平和病毒GPCR诱导的IL－6信号转导；④MCMV蛋白M45与NEMO/IKKγ结合，并被传递给自噬体并转送到溶酶体进行降解，导致宿主炎症反应的衰减；⑤被EBV感染的浆细胞样树突状细胞（DC）释放Ⅰ型干扰素以响应TLR激活和自噬；⑥HSV－2感染性细胞培养蛋白10（ICP10）被传递到自噬小体/溶酶体降解途径，从而显著增加主要MHCⅠ类和MHCⅡ类抗原呈递；⑦HSV－ICP34.5及其Beclin结合域抑制DC自噬，增加MHCⅡ类抗原呈递能力；⑧ICP34.5－mediated自噬抑制内源性病毒抗原对原代树突状细胞中MHCⅠ类分子的呈现。

病毒与细胞表面的接触可能通过 Toll 样受体(TLR)招募髓系分化初级反应蛋白质 88(MyD88)来触发自噬通路的快速激活。有研究表明,*MyD*88 的异位表达显著增加了 GFP－LC3 斑点的数量。相比之下,HSV－1 感染在 *MyD*88 缺陷的细胞中不会触发自噬。此外,在没有 *MyD*88 的情况下,自噬抑制剂没有任何缺陷。这些发现表明,*MyD*88 是参与导致单核细胞中 HSV－1 激活自噬的信号通路的关键因素之一。在 HSV－1 感染的细胞中,自噬相关基因 *Beclin*－1 通过与 cGAS 相互作用来抑制 DNA 刺激,阻碍 cGAMP 的合成,抑制 IFN－Ⅰ的产生。此外,自噬介导的降解可以清除 DNA 传感器检测到的胞质病原体 DNA,从而间接减弱 cGAS－STING 信号通路。

MHV－68 感染的特征是巨噬细胞的潜伏期,其再激活被 IFN－γ 抑制。使用溶菌酶－M－Cre 表达系统删除髓系室中的 *ATG* 基因,包括 *ATG*3、*ATG*5、*ATG*7、*Beclin*－1 和 *ATG*16,结果表明这抑制了骨髓源性巨噬细胞中 MHV－68 的激活。在 *ATG*5 缺陷的巨噬细胞中,病毒激活的缺陷不能用病毒复制的变化或潜伏感染的建立来解释。相反,慢性感染 MHV－68 增加了全身炎症和 IFN－γ 的产生,并导致了一些 *ATG* 缺失的小鼠巨噬细胞中 IFN－γ 诱导的转录特征。然而,*ATG*5 的缺失并没有改变脾脏 B 细胞中 MHV－68 的激活。因此,*ATG* 抑制了病毒诱导的巨噬细胞的炎症反应,创造了一个促进 MHV－68 从潜伏期过渡到激活的环境。

上皮细胞中抗 KSHV GPCR 诱导的肿瘤发生机制可能与降低的病毒 GPCR 水平有关,这随后抑制了 IL－6 信号。自噬蛋白 Beclin－2 对于某些细胞 GPCR 的溶酶体降解至关重要,*Beclin*－2 敲除小鼠表现出自噬和 GPCR 降解缺陷。研究证明,溶酶体依赖的 *Beclin*－2 在体外降低了病毒 GPCR 水平以及病毒 GPCR 诱导的 IL－6 信号转导。同时,在体内缺乏 *Beclin*－2 基因的小鼠中,病毒 GPCR 表达增强,IL－6 产量增加。此外,IL－6 升高与 KSHV 感染的 BECN2＋/－小鼠的存活时间呈负相关。几项研究表明,IL－6 是 KSHV 相关恶性肿瘤的关键毒力因子。尽管尚未确定 IL－6 生成增加与 BECN2＋/－小鼠肿瘤形成和致死加速之间的因果关系,但结果与 IL－6 是 KSHV 致病性的关键调节因子的结论一致,且明确的证据表明 *Beclin*－2 调节小鼠中 KSHV GPCR 诱导的 IL－6 水平。

MCMV 蛋白 M45 与 NEMO/IKKγ 的 NF－κB 必需调节剂/抑制剂结合。

NF-κB是信号转导的关键调节因子，并被传递给自噬体并转运到溶酶体进行降解。这导致宿主炎症反应减弱，使病毒利用自噬逃逸免疫系统。溶瘤腺病毒诱导的自噬有助于诱导免疫原性细胞死亡，随后释放损伤相关分子，如腺苷三磷酸（ATP）、高迁移率族蛋白B1（HMGB1）、钙网蛋白（CRT）和尿酸。

（4）对DNA病毒的自噬和适应性免疫反应

众所周知，自噬在抗病毒先天免疫和适应性免疫中起着重要作用。之前的一项研究表明，异种吞噬可以降低HSV-1的神经毒力，*ICP*34.5敲除可以防止HSV-1抑制自噬，从而减少小鼠角膜的感染。然而，敲除与Beclin-1结合的区域对缺乏B细胞和T细胞的小鼠的感染没有影响，这表明保护作用是由适应性免疫介导的而不是由先天免疫介导的。与这些结果一致，感染突变HSV-1的小鼠与感染野生型病毒的动物相比，其具有更高的病毒特异性CD4+T细胞反应。这些数据表明，自噬可以通过适应性免疫减少HSV-1介导的疾病。

研究表明，HSV-1的潜在免疫逃逸机制可能与其通过ICP34.5抑制抗原呈递细胞自噬的能力有关。研究表明，ICP34.5并不抑制DC中自噬的诱导，而是干扰神经细胞和成纤维细胞中的自噬。另一项研究表明，ICP34.5与其Beclin-1结合域之间存在强烈的相互作用，导致DC中自噬的抑制和MHCⅡ类抗原呈递的增加。使用一种含有戊二醛固定的巨噬细胞系和β-半乳糖苷酶诱导的HSV-1 gB特异性CD8+T细胞杂交瘤的模型系统，证明自噬介导的病毒抗原处理可能参与HSV-1 MHCⅠ类抗原呈递。此外，研究者还发现，ICP34.5介导的自噬的抑制消除了主要DC中MHCⅠ类抗原分子中的内源性病毒抗原呈递。一项研究检查了来自缺乏*ATG5*基因的转基因小鼠和包括cDC和T细胞在内的造血器官的重组小鼠，这些小鼠被HSV-1感染。7天后，CD4+T细胞分泌的IFN-γ和分泌IFN-γ的ATG-造血细胞的数量与野生型对照组相比显著减少。这些发现为DC中MHCⅡ类抗原分子呈递多种抗原形式提供体内证据，对疫苗设计具有重要意义。

来自HSV-2的传染性细胞培养蛋白10（ICP10）是一种蛋白质聚集的病毒诱导剂（VIPA），可将可溶性绿色荧光蛋白转化为易聚集蛋白。VIPA可有效地替代肿瘤抗原进入自噬体/溶酶体降解途径，从而显著增加MHCⅠ类和MHCⅡ类抗原呈递。同时，诱导T细胞对肿瘤抗原的免疫反应的MHCⅠ类和MHCⅡ类抗原分子，有效地保护免疫动物。

综上所述,鉴于自噬在免疫反应中起着至关重要的作用,它作为治疗靶点引起了极大的兴趣。然而,自噬在免疫和各种生物过程中的相互矛盾的作用使其治疗应用变得复杂。

1.3.3 自噬与疱疹病毒的相互作用

当外来病原微生物如病毒刺激时,往往会触发细胞自噬的激活或抑制。关于病毒与细胞自噬的关系已有大量的文献报道,如 HBV、登革热病毒(dengue virus,DENV)、传染性法氏囊病毒(infectious bursal disease virus,IBDV)、HSV 等病毒都能和细胞自噬发生相互作用(图 1-8),这里我们重点综述与 DEV 同属疱疹病毒科的其他病毒成员与细胞自噬关系的研究进展。

(1)疱疹病毒与自噬的拮抗作用

自噬是作为天然免疫和适应性免疫的一种抗病毒的机制,所以病毒常编码一些蛋白质来抵抗这个过程。第一个抗病毒基因是在 HSV-1 上发现的编码神经毒力蛋白的 *ICP*34.5 基因。通过 ICP-34.5 与自噬关键基因 *Beclin*-1/*BECN*1 的结合而介导了其对自噬的控制。*Beclin*-1 是哺乳动物细胞中与 *ATG* 同源的基因,是自噬体起源和成熟的关键基因。然而,缺少 *ICP*34.5 基因的病毒通过激活 eIF2AK2/PKR 途径触发自噬。在 HSV-1 感染过程中,表达晚于 ICP34.5 蛋白的 US11 蛋白,能直接和 PKR 结合抑制自噬。自噬激活保护了 HSV-1 感染成年鼠(致病产生脑炎),但在感染 HSV-1 的新生鼠脑中自噬是有害的并促进了细胞的凋亡,因此这种自噬对 HSV-1 感染的保护有年龄之分。另外,自噬在原代神经细胞中对于控制病毒是关键的,然而在成纤维细胞中却是非必要的。在小鼠中也观察到了自噬对细胞类型的依赖:在神经细胞中自噬具有抗病毒的作用,但在上皮细胞中并没有这种作用。在成纤维细胞、神经细胞和上皮细胞中,*ICP*34.5 均抑制了自噬体起始,然而,*ICP*34.5 对自噬的影响在不同的抗原呈递细胞中是不同的。在 DC 中,*ICP*34.5 封闭了自噬溶酶体的成熟,这种抑制通过降低 DC 对病毒的抗原呈递而在免疫逃逸中发挥作用。

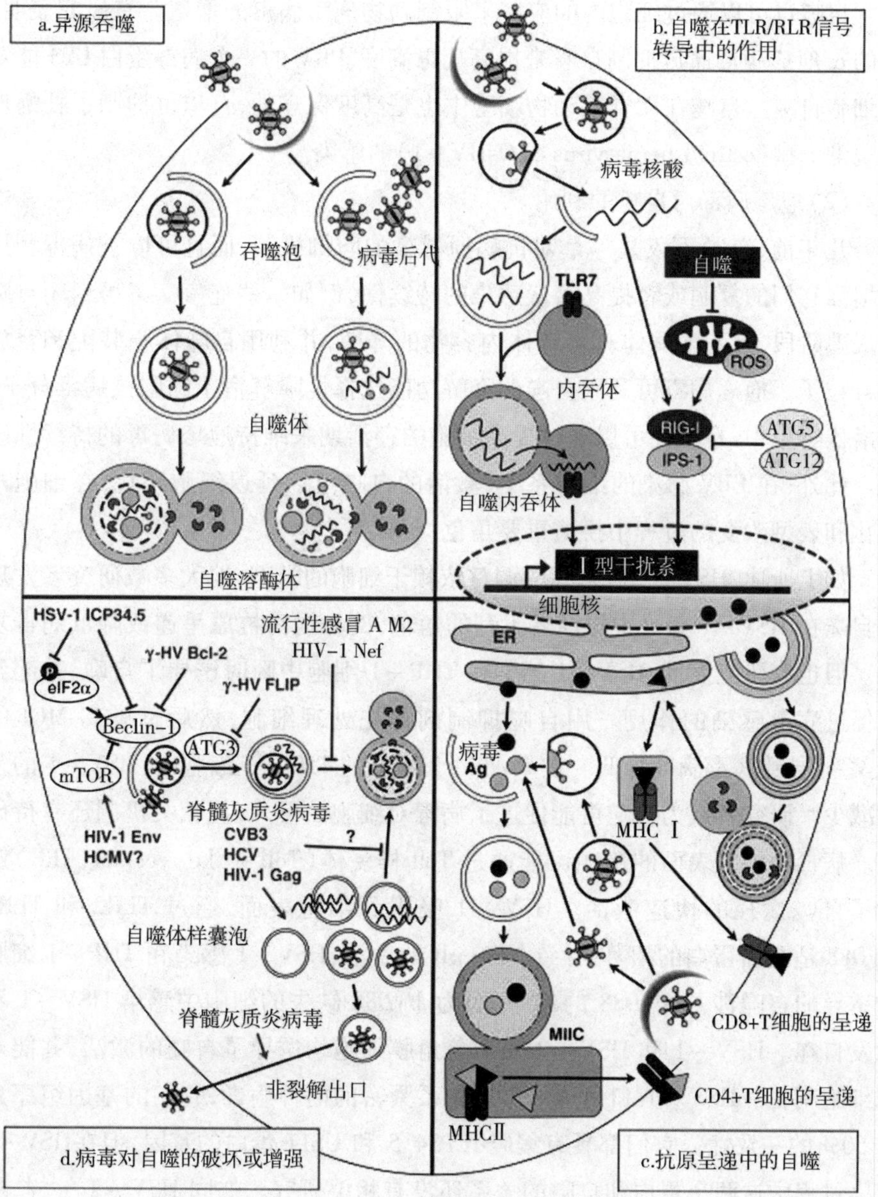
a.异源吞噬
吞噬泡
病毒后代
自噬体
自噬溶酶体
b.自噬在TLR/RLR信号转导中的作用
病毒核酸
自噬
TLR7
ROS
内吞体
RIG-I
IPS-1
ATG5
ATG12
自噬内吞体
Ⅰ型干扰素
细胞核
ER
病毒
Ag
MHC Ⅰ
MIIC
MHCⅡ
CD8+T细胞的呈递
CD4+T细胞的呈递
c.抗原呈递中的自噬
HSV-1 ICP34.5
γ-HV Bcl-2
流行性感冒 A M2
HIV-1 Nef
γ-HV FLIP
eIF2α
Beclin-1
ATG3
mTOR
HIV-1 Env
HCMV?
脊髓灰质炎病毒
CVB3
HCV
HIV-1 Gag
?
自噬体样囊泡
脊髓灰质炎病毒
非裂解出口
d.病毒对自噬的破坏或增强

图 1－8　病毒与细胞自噬

自噬也可以通过细胞内的应答来限制动物疱疹病毒的增殖。有研究表明,猪的α疱疹病毒通过抑制自噬来提高病毒滴度,PRV的一个病毒蛋白US3能对抗细胞自噬。自噬在无脊椎动物细胞中也是高度保守的,自噬也抑制了牡蛎疱疹病毒1型(ostreid herpesvirus 1,OsHV-1)的感染。

(2)疱疹病毒对自噬的利用

几年前,自噬不仅是一个对抗病原感染的防御机制,而且可以被病毒利用来增强它们的复制或者提高潜伏感染的持续性,例如一些疱疹病毒可封闭自噬的成熟阶段,阻碍溶酶体对自噬体内容物的降解,并利用自噬体膜装配和释放病毒粒子。疱疹病毒可利用自噬的降解功能选择性降解宿主细胞抗病毒分子。在潜伏感染中,自噬还可以通过提高细胞的存活期来维持疱疹病毒的持续性感染。此外,在EBV感染的细胞系中,激活的自噬可以延迟细胞死亡,在细胞永生化和表型改变的过程中扮演重要角色。

如上所述,HSV-1对自噬的调整依赖于细胞的类型,但大多数研究者发现了自噬在HSV-1感染中扮演着不利的角色,例如提高抗原呈递或降低病毒复制。但也有研究发现,HSV-1感染在THP-1细胞中瞬时诱导了自噬,并起到了促进病毒感染的作用。用自噬抑制剂预先处理细胞,然后感染高MOI的HSV-1导致病毒滴度降低。在*Beclin*-1敲低的THP-1细胞中,HSV-1的复制减少。研究者认为自噬可能促进了病毒对细胞的侵入,但相关机制还有待研究。病毒和细胞表面的接触可能通过Toll样受体(Toll-like receptor,TLR)触发了自噬途径的快速激活。HSV-1吸附到细胞表面,通过TLR2和TLR9 MyD88适配器蛋白的招募,导致NF-κB的激活,HSV-1感染在THP-1细胞中诱导的自噬涉及*MyD*88的参与,因为*MyD*88缺失的细胞中感染HSV-1不触发自噬。HSV-1和HSV-2感染兔角膜细胞均诱导了自噬的激活,并能对抗细胞凋亡。HSV-1和HSV-2是关系紧密的两种病毒,它们的基因组序列有50%的一致性。它们都具有编码ICP34.5和US11蛋白的基因,但在HSV-2感染过程中这两个蛋白和自噬的关系还没有相关研究。如同HSV-1一样,尽管看起来自噬在HSV-2感染成纤维细胞中是被抑制的,但目前还没有任何病毒蛋白能被确定抑制自噬。用自噬抑制剂巴佛洛霉素A1处理细胞,降低了HSV-2的复制,表明在成纤维细胞中自噬有利于病毒复制。在*ATG5*缺失的细胞系中病毒复制效率降低的结果也证实了以上观点。而HSV-1感染在同样的

ATG5 缺失的鼠成纤维细胞系中没有发现对病毒复制有显著影响。因此，HSV－2 是如何利用自噬的还需要深入研究。

VZV 通过诱导完全自噬来促进病毒增殖。研究表明，VZV 感染触发了自噬，并且没有执行任何反击来对抗这种细胞应答。同为 α 疱疹病毒亚科成员，VZV 为什么不像 HSV－1 一样抑制自噬，推测可能的原因是该病毒没有编码 HSV－1 上两个对抗自噬的蛋白 ICP34.5 或者 US11 蛋白的基因。VZV 的野生毒株和弱毒株都在感染不同细胞类型的晚期阶段诱导了自噬。这种诱导被 LC3Ⅰ向 LC3Ⅱ的转化的提高和 p62 的降低证明。体内的皮肤活体组织切片结果表明，损伤的皮肤中的 VZV 诱导了自噬。从感染了 VZV 的病人的皮肤活体组织切片中能观察到高水平的自噬体。使用联合免疫缺陷型（SCID）小鼠作为动物模型，异种移植人类皮肤，然后接种 VZV 出现了 LC3 阳性点状的积累，进一步利用脉冲追踪实验追踪双荧光报告的 LC3 质粒确认感染了的成纤维细胞病毒诱导了完全自噬流。在 VZV 感染的过程中诱导自噬的机制还不是十分清楚，但一个推测是为了维持细胞平衡可能触发了内质网应激。有一个内质网应激的证据是在 VZV 感染过程中内质网发生了扩增，并且启动了能够缓解内质网应激的 UPR。为了证明自噬促进了 VZV 复制的作用，Buckingham 等人使用不同的策略调整了自噬并分析感染力和病毒蛋白表达量等病毒参数。首先，他们使用 3－MA 处理细胞抑制自噬，其中 3－MA 的作用具有争议性，因为它处理细胞太长时间还具有促进自噬的作用。然而，3－MA 和靶向 *ATG5* 的 siRNA 处理 MeWO 细胞后，他们观察到了较少的病毒增殖和病毒感染力的下降。他们还发现 3－MA 处理细胞后，VZV 糖蛋白 gE 表达量的下降，而用海藻糖处理后，表达量增加了。更有意思的是，在 *ATG5* 缺失的细胞中，与正常细胞相比，gE 和 gI 的分子量有变化。这表明病毒糖蛋白合成在自噬缺少细胞中具有较小的影响，导致了 gE 二聚体的积累。病毒糖蛋白合成诱导了内质网应激，一个假设是自噬能缓解内质网应激，允许糖蛋白正确合成。研究表明，gE 和 LC3 以及循环利用的核内体 Rab 存在共定位。通过免疫电镜发现，两个蛋白和 VZV 纯化粒子相关。包含病毒的囊泡没有展现出自噬体的特征，因为其仅是单层膜。这些囊泡可能只是自噬内涵体，包含一个或几个病毒粒子。自噬内涵体能将病毒从细胞释放到胞吐囊泡。

自噬不仅只利于 α 疱疹病毒亚科的 VZV 复制。β 疱疹病毒亚科成员 HC-

MV 也通过破坏自噬来促进自身的复制。有报道称 HCMV 在感染成纤维细胞的早期刺激自噬,病毒颗粒的成分比如病毒 DNA,足以触发该机制,然而,由于 TRS1 和 IRS1 蛋白的作用,该病毒封闭了自噬流。和正常的野生毒株一样,缺少封闭自噬能力的突变株仍能复制。使用不同的自噬诱导剂均能增强 HCMV 的产量,然而用特异性的有效自噬抑制剂降低了病毒产量。因此有可能是 HCMV 利用自噬蛋白或者自噬膜促进自身的增殖。然而,这些结果和 2015 年发表的一篇文章中的结果相反,海藻糖在最初报道是促进自噬的,可能通过触发自噬抑制 HCMV 的复制。尽管海藻糖抗 HCMV 活性是强烈的,但和自噬的关系仍需要进一步证明。此外,长期使用海藻糖处理可能对细胞代谢产生非特异影响,并且最近的研究证明其处理细胞 24 h 后封闭自噬流。

自噬的降解功能被 MCMV 利用来对抗免疫应答。自噬通过帮助传递病毒病原体相关分子模式(pathogen - associated molecular pattern,PAMP)到内吞的 TLR 来参加 IFN 应答的激活,也能降解病毒的成分。相反的,MCMV 利用降解功能来对抗天然免疫。MCMV 是 β 疱疹病毒亚科成员,常用来作为 HCMV 感染模型,尤其是应用于体内研究。MCMV 和 HCMV 都能调整天然免疫应答。MCMV感染诱导的视网膜色素上皮细胞(retinal pigment epithelial cell,RPE)自噬研究表明,和 HCMV 相似的,MCMV 在感染早期诱导了自噬,随后将其封闭。自噬体中包含病毒颗粒,这可能是病毒逃逸的一种方式。然而,根据我们的知识没有证据证明在这种细胞中自噬具有抗病毒的作用。相比较,在鼠成纤维细胞中能快速观察到 LC3 的积累并且逐渐地建立自噬现象,但并不是抑制自噬体的降解导致了这种积累,而是加入亲溶酶体试剂导致了进一步的增长。

至少三个不同的研究报道了 EB 病毒(Epstein - Barr virus,EBV)裂解周期诱导 B 细胞胞质中的 LC3 阳性小囊泡的增加。抑制自噬体和溶酶体的融合这种不完全自噬导致了自噬体的积累。Hung 等人观察在裂解周期的即早期过量表达的一个病毒反式激活因子 BRLF1/Rta 通过转录机制诱导了完全自噬流,但是 Zebra(另一个即早期蛋白也叫作 BZLF1 或 Zta)并没有调节自噬。然而,同一年 Granato 等人观察到了 BRLF1/Zebra 的不同表型。他们转染了一个编码 BZLF1 蛋白的质粒于 EBV 阴性的上皮细胞中,刺激自噬在同一个细胞系转染 EBV 完全基因组的抑制自噬流。有趣的是,转染 BZLF1 于 EBV 阳性的细胞中诱导了裂解周期,并表达一整套 EBV 裂解蛋白。因此,还没有鉴定出涉及抑制自噬流的病毒蛋白。Rab7，一个GTP酶蛋白家族成员，其表达量的下降已经暗示了自噬体的晚期成熟，在EBV再激活的情况下能参与自噬流的封闭。使用这个策略，EBV可以限制溶酶体降解病毒成分并利用自噬囊泡促进自身的增殖。基因或药物抑制自噬降低了EBV裂解基因的表达和子代病毒产物。调整自噬对病毒基因组复制没有影响但导致了其在胞质中滞留。纯化和形态学分析发现，LC3Ⅱ出现在病毒颗粒释放的培养物上清液中，表明EBV可能和自噬膜在病毒颗粒的二层囊膜形成过程中共定位在细胞质中。同时提出为了运输病毒颗粒，自噬囊泡重复了胞质膜路径的观点。与这些发现相反，一个研究报道了*Beclin*-1的敲除增加了病毒裂解基因的表达和EBV的复制，表明自噬阻碍了病毒的激活。同时也报道了不同于之前的研究，EBV的早期裂解蛋白封闭了自噬体的形成。因此，之后的研究仍需要确认。

另一个γ疱疹病毒，KSHV或HHV8在裂解周期积累的自噬膜是为了利于运输病毒颗粒到胞质中，有研究表明，HHV8原发性渗出性淋巴瘤细胞的活化触发了自噬的激活，导致了自噬囊泡的增加。与EBV相似，HHV8通过下调*Rab7*的表达能封闭自噬流。这里，敲除自噬相关基因降低了HHV8从潜伏期的激活。超微结构研究表明，病毒颗粒利用自噬过程将自身运输到自噬体中。

疱疹病毒对自噬的利用如表1-2所示。

表 1－2　疱疹病毒对自噬的利用

亚科	名称	宿主	利用自噬
α 疱疹病毒	HSV－1	人	在 THP－1 细胞中通过 MyD88 适配器蛋白瞬时激活自噬,利于病毒侵入
	HSV－2	人	在成纤维细胞中,基础自噬促进病毒复制
	VZV	人	在几种细胞中诱导完全自噬,并对病毒糖蛋白的有效合成是必需的
β 疱疹病毒	HCMV	人	诱导自噬随后封闭了自噬体的降解,自噬蛋白或膜参与了病毒的增殖
	MCMV	鼠	病毒蛋白 M45 靶向 NEMO 到自噬体并参与了对细胞天然免疫的抑制
γ 疱疹病毒	KSHV 或 HHV8	人	在潜伏感染状态,自噬抑制了原癌基因诱导的细胞衰老;在激活过程中,病毒诱导了自噬体的形成,并正调控自噬水平
	HS	猴	在潜伏感染过程中,vFLIP 诱导自噬并抑制了细胞凋亡
	MHV－68	鼠	自噬参与炎症的控制,促使病毒从潜伏感染状态激活

1.3.4　调控自噬的信号通路

在动物细胞中多种信号通路都参与调控了自噬过程。mTOR 是胞内一种保守的丝氨酸/苏氨酸激酶,属于 PI3K 相关的激酶超家族成员,作为胞内合成代谢和分解代谢的汇合点,是自噬的中心调控者。该蛋白作为胞内各种信号刺激的感受器。饥饿、氧化应激、能量应激、外来病原微生物的侵入等均直接或间接通过 mTOR 的感应而诱导自噬的激活。调控自噬的信号通路十分复杂,主要包括依赖 mTOR 的信号通路和非依赖 mTOR 的信号通路。

(1)依赖 mTOR 的信号通路

mTOR 信号通路包括两个结构和功能不同的复合物:mTOR 复合物 1(mTORC1)和 mTOR 复合物 2(mTORC2)。mTORC1 包含了调控相关蛋白

Raptor(一个 mTORC1 在正确亚细胞定位的伴侣蛋白)、哺乳动物致死因子 Sec13 蛋白 18(mLST8,也称 GβL)、mTOR 催化结构域相关的稳定激酶活性环、两个富含脯氨酸 40 kDa Akt 底物(PRAS40)和 mTOR 相互作用蛋白的 DEP 结构域(DEPTOR)。mTORC2 和 mTORC1 共享了一些元件,包括 mTOR 中心激酶蛋白 mLST8/GβL 和 DEPTOR。然而,mTORC2 包含了雷帕霉素不敏感的 Rictor 元件、调控亚基 Sin1 和 Protor 1/2 蛋白。因为雷帕霉素仅抑制 mTORC1 的活性,所以根据它们对雷帕霉素的敏感性可以区分 mTORC1 和 mTORC2。两个复合物具有不同的信号通路和下游产物,mTORC2 主要调控细胞骨架形成和细胞生存,而 mTORC1 的主要角色是控制细胞生长。本章主要介绍 mTORC1 参与的调控自噬的信号通路,如图 1-9 所示。

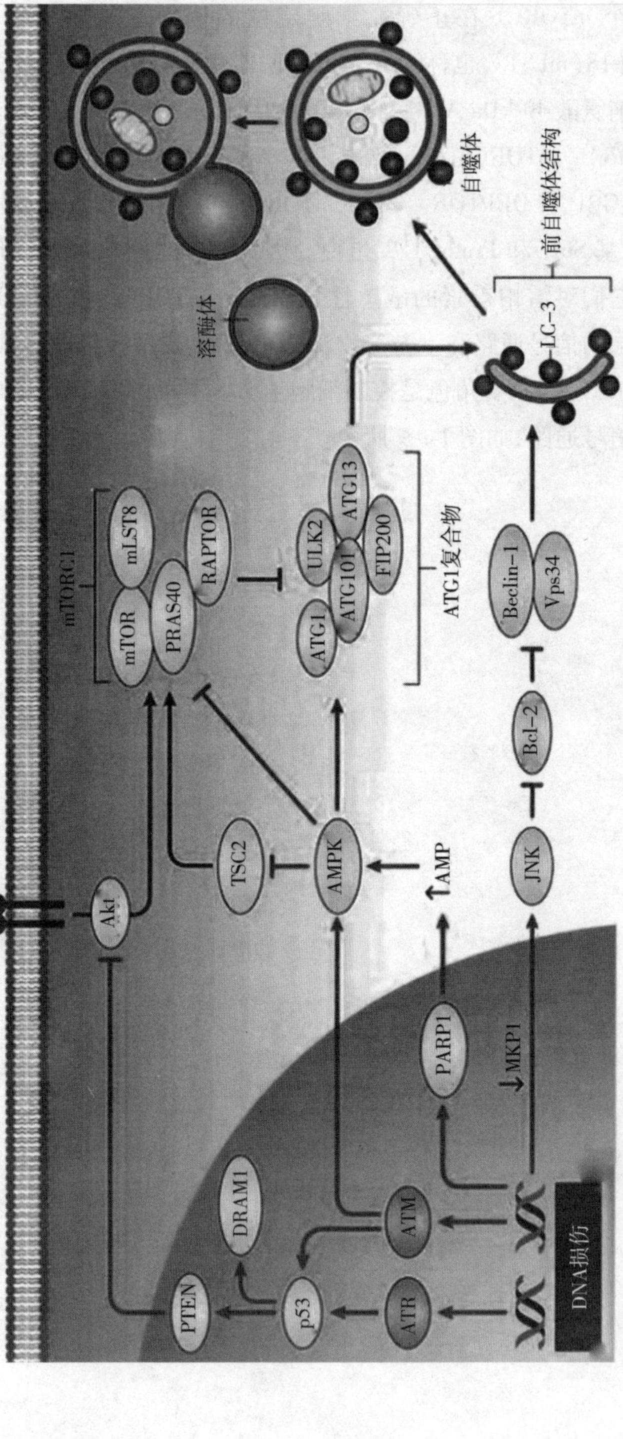

图1－9　调控自噬的主要信号通路

①PI3K/Akt 信号通路

mTOR 是自噬的一个主要的负调控因子，而磷脂酰肌醇 3－激酶/蛋白激酶 B（PI3K/PKB 或 PI3K/Akt）途径是 mTOR 的一个主要的上游调控者。PI3K/Akt 途径在不同类型细胞中均具有促进细胞生存及抑制细胞凋亡的作用。生长因子，比如胰岛素样生长因子－1（insulin－like growth factor－1，IGF－1）通过 PI3K 活性和 Akt 丝氨酸 473 位点的磷酸化促进细胞生存。结节性硬化症复合物（tuberous sclerosis complex，TSC）是该信号通路的下游分子，可抑制脑 Ras 同源蛋白（Ras homolog enriched in brain，Rheb）。当 TSC2 被 Akt 磷酸化后，修复了 mTOR 的抑制，从而抑制细胞自噬水平。肿瘤抑制因子 PTEN 磷脂酶通过解除 PI3K/PKB 信号通路对自噬的抑制而正向调控自噬。

②AMPK 信号通路

AMP 活化蛋白激酶（AMP－activated protein kinase，AMPK）是胞内感受能量代谢的重要蛋白激酶，应答胞内 AMP/ATP 水平调控各种胞内应答过程，包括自噬。

AMP 和 ATP 对 AMPK 活性的影响具有对立效果，当 AMPK 被胞内能量水平激活时，可以磷酸化并激活 TSC1/2 复合物，随后抑制 mTOR 的活性。相反，AMPK 可以直接抑制 mTOR 活性，诱导细胞自噬。几种研究已经报道了 AMPK 能磷酸化和激活 ULK2 蛋白，诱导细胞自噬。在酵母中，能量感受器 Snf1 对自噬的调节是保守的，其是自噬的正调控者。有报道发现，内质网应激的发生导致了胞质内钙离子浓度的增加，引起了钙离子/钙调素依赖的蛋白激酶 2β（calcium/calmodulin－dependent protein kinase kinase 2，βCAMKK2/CaMKKβ）的激活，从而激活了 AMPK 活性诱导自噬。

③其他信号通路

MAPK、eIF2α、G 蛋白、IκB 激酶能通过抑制 mTOR 活性诱导自噬。

（2）不依赖 mTOR 的信号通路

①内质网应激信号通路

内质网是一个多功能细胞器。在正常的内质网平衡时，内质网伴侣蛋白 BiP/GRP78 和 UPR 的感受器蛋白 PERK、IRE1 与 ATF6 结合。当未折叠蛋白引起了内质网应激时，BiP/GRP78 和 UPR 感受器分离，并与未折叠蛋白结合，激活内质网感受器。PERK 通过它的效应转录因子 ATF4 和 CHOP 提高大量自噬基因的转录水平,导致自噬流的增加。任何 UPR 感受器都能增加内质网-自噬的受体基因的转录,比如 CCPG1 蛋白。CCPG1 蛋白是自噬体形成的关键调控蛋白,中心黏附激酶家族激酶相互作用蛋白 200 kDa(FIP200),相互作用对于自噬溶酶体招募内质网是必需的,只是不清楚这个过程发生在内质网表面还是该途径的晚期阶段。在这个过程中,内质网是断裂的,同时,内质网-自噬受体通过它们的 LIR 基序和 ATG8 结合,将断裂的内质网片段连接到分离的膜上。分离的膜增长逐渐包围形成自噬体,最终和溶酶体结合降解内质网片段。因此,内质网应激信号能提高细胞的自噬水平。

②其他信号通路

另外,还有肌醇磷脂信号通路、cAMP-Epac-PLCε-IP3 信号通路、Ca^{2+}-calpain-Gsα 信号通路等。

1.4 自噬的研究方法

1.4.1 自噬的实验方法

自噬是细胞自身通过分解和回收细胞内部的有机物质以维持生命活力的过程。自噬在细胞生物学和医学研究领域具有重要的价值,主要体现在以下几个方面:

细胞代谢和适应性:自噬是细胞对环境变化和应激的一种适应性反应。当细胞面临营养不足、氧气供应不足、感染等应激条件时,自噬可以通过分解细胞内部的有机物质,提供所需的能量和营养物质,从而帮助细胞维持生存。

维持细胞健康和清除垃圾:自噬可以清除细胞内部的受损或老化的细胞器、蛋白质和其他细胞成分,从而维持细胞的健康状态。自噬通过清除细胞内的“垃圾”,防止异常细胞的积累,减少细胞突变和异常增殖的风险。

疾病研究和治疗:自噬与多种疾病的发生和发展密切相关,包括癌症、神经退行性疾病(如帕金森病和阿尔茨海默病)、心血管疾病等。研究自噬对于理解这些疾病的机制以及开发治疗策略具有重要意义。一些药物已经或正在研究中以调节自噬过程,来治疗与自噬紊乱相关的疾病。

抗衰老研究:自噬与细胞的长寿和抗衰老也有关系。一些研究表明,增强细胞内自噬功能可能有助于延缓衰老过程,保护细胞免受老化和疾病的侵害。

药物开发和治疗策略:自噬研究为开发新的药物和治疗策略提供了新的思路。通过干预自噬通路,可以调节细胞的代谢、免疫和生存功能,从而为治疗多种疾病提供潜在的靶点和方法。

综上所述,自噬研究具有广泛的生物学和医学意义,有助于揭示细胞的基本生理过程,理解疾病机制,发展新的治疗策略。

研究自噬涉及多种实验技术和方法,可以从细胞水平、分子水平和整体生物体水平进行。以下是一些常用的自噬研究方法:

(1)细胞系模型:使用细胞系模型(如培养细胞)进行自噬研究是最常见的方法之一。通过处理细胞系,如饥饿、药物刺激或其他应激条件,可以诱导细胞内自噬的启动。然后,通过多种技术检测自噬的标志物,如 LC3Ⅱ蛋白的积累和 p62 的下降。

(2)显微镜观察:采用荧光显微镜或电子显微镜观察细胞中自噬体的形成和降解是研究自噬的重要手段。这可以通过标记自噬体相关蛋白(如 LC3)或使用荧光探针来实现。

(3)蛋白质水平分析:使用蛋白质印迹法(Western blotting)等分析自噬标志蛋白,如 LC3、p62 等在细胞中的表达水平变化,以了解自噬的活性。

(4)自噬通路分析:通过抑制或过表达特定的自噬相关基因或蛋白,如 *ATG* 基因家族,来研究自噬的调控机制。这可以通过 RNA 干扰(如 RNAi)或基因编辑技术(如 CRISPR - Cas9)实现。

(5)药物干预:使用自噬调节剂,如抑制剂(如氯喹、3 - MA)或诱导剂(如雷帕霉素),来调控细胞内的自噬过程,从而研究自噬的影响和调控机制。

(6)动物模型:使用动物模型(如小鼠)来研究自噬在整体生物体水平的作用。可以通过构建自噬相关基因敲除的小鼠、过表达小鼠等来研究自噬与疾病之间的关系。

(7)流式细胞术:使用流式细胞术分析细胞中的自噬标志物,如 LC3,以及其他细胞生物学参数,从而定量评估自噬的程度。

(8)蛋白质互作研究:通过蛋白质互作分析方法,如免疫共沉淀(CoIP)、质谱法等,鉴定自噬相关蛋白之间的相互作用关系,以深入了解自噬的调控网络。

公认的自噬标志物: LC3 全称 MAP1LC3 ,贯穿整个自噬过程,是目前公认的自噬标志物。LC3 蛋白合成后被 ATG4 剪切掉 C 端五肽,暴露甘氨酸残基,产生胞浆定位的 LC3Ⅰ。

在自噬过程中,LC3Ⅰ会被包括 ATG7 和 ATG3 在内的泛素样体系修饰和加工,与磷脂酰乙醇胺(PE)相偶联,形成 LC3Ⅱ并定位于自噬体内外膜上。自噬体和溶酶体融合后,外膜上的 LC3Ⅱ被 ATG4 切割,LC3Ⅰ被循环利用;内膜上的 LC3Ⅱ被溶酶体酶降解,导致自噬溶酶体中 LC3 含量降低。因此,可以通过荧光显微镜观察 mRFP－GFP－LC3 或 GFP－LC3,实现对自噬发生的检测。

自噬的相关蛋白:在自噬发生过程中,有多种自噬相关蛋白可调节和控制自噬形成的不同阶段。迄今为止,科学家已在酵母中鉴定出 40 余个编码 ATG 蛋白的基因,并且大多数在酵母和哺乳动物中高度保守。在哺乳动物细胞中,饥饿诱导的自噬大约受 20 种核心 *ATG* 基因调节,它们在液泡附近被不断募集,并组装形成前自噬体。这些基因的分类和作用如表 1－3 所示。

表 1－3　自噬相关基因调控的蛋白质功能

基因		蛋白质功能描述
哺乳动物	酵母	
*ULK*1/2	*Atg*1	是 ULK－ATG13－ATG101－FIP200 复合物的一部分,并使 Beclin－1 磷酸化;与 Atg13 相互作用;参与自噬的启动、膜靶向、膜曲率感应和脂质囊泡连接
ATG2A/B	*Atg*2	ATG9/ATG12－WIPI 复合物的一部分,这对 ATG9 招募扩大自噬体很重要
*ATG*3	*Atg*3	LC3 脂化过程中的 E2 酶;自催化形成 ATG12－ATG3 复合物,维持线粒体稳态
ATG4A～D	*Atg*4	半胱氨酸蛋白酶通过去除 Atg8 的最后一个氨基酸来加工 Atg8,并使 Atg8－PE 解偶联,参与 LC3 的活化和脱脂
*ATG*5	*Atg*5	ATG12－ATG5 复合物的一部分是否参与自噬体的形成/延伸,在 LC3 脂化过程中作为 E3 酶,与 Atg16 相互作用,在自噬过程中发挥关键作用

续表

基因		蛋白质功能描述
哺乳动物	酵母	
Beclin - 1	*Atg*6	Vps34 - PI3K 复合物的亚基,招募 Atg14 或 Vps38,与Bcl - 2 相互作用,决定脂质结合和膜变形
*ATG*7	*Atg*7	类 E1 酶与 E2 酶 Atg10 或 Atg3 相互作用,参与 LC3 和 ATG12 的偶联,与 Atg8 形成硫酯键
*MAP*1*LC*3*A* ~ *C*, *GABARAP*, *GATE* - 16	*Atg*8	修饰剂;与 PE 偶联的泛素样模块,用作自噬标志物;识别货物特异性适配器,以及体外膜系固
*ATG*9*L*1/*L*2	*Atg*9	跨膜蛋白;与 ATG2 - WIPI 复合物相互作用;在吞噬体扩张过程中穿梭于 PAS 和外周细胞器之间传递脂质/因子;以及自我相互作用
*ATG*10	*Atg*10	ATG12 与 Atg5 偶联的 E2 酶
*ATG*12	*Atg*12	修饰剂;偶联 Atg5 的泛素样模块,与 Atg5 和 Atg16 形成 E3 复合物,并与 Atg3 相互作用
*ATG*13	*Atg*13	ULK - ATG13 - ATG101 - FIP200 复合物的一部分参与自噬的起始,靶向 mTOR 信号通路,与 Atg1 相互作用并连接 Atg1 和 Atg17 - Atg31 - Atg29,通过 Atg14 招募 Vps34 复合体,与 LC3 结合,并与 Atg101 相互作用
*ATG*14*L*(Barkor)	*Atg*14	与 Beclin - 1 相互作用组装自噬特异性复合物;膜靶向和膜曲率感应;促进膜融合
*ATG*16*L*1/*L*2	*Atg*16	结合 ATG5 - ATG12 复合物作为 E3 酶复合物的一部分,
*RB*1*CC*1/*FIP*200	*Atg*17	ULK - ATG13 - ATG101 - FIP200 复合物的一部分参与自噬的起始,与 Atg13 和 Atg9 相互作用,与 Atg31 和 Atg29 形成三元复合物,并感知膜曲率
*WIPI*1 ~ 4	*Atg*18	Atg2 - WIPI 复合物对 ATG9 招募到自噬体很重要,它的一部分与 PI3P 相关,需要 ATG9 的逆行运输,以及与 Atg2 形成复合物
*ATG*101	—	与 Atg13 相互作用,形成 ULK - ATG13 - ATG101 - FIP200 复合物

1.4.2 自噬的检测方法

(1)LC3 双荧光标记法

mRFP－GFP－LC3 双荧光自噬指示体系的出现，将自噬研究带入了一个新的阶段，自噬不再只是指标，而是一种机制，自噬流的顺畅与否，对于细胞生理功能的稳定非常重要。

观察自噬流变化的 LC3 双荧光标记法，即使用同时带有 RFP 和 GFP 的病毒感染细胞。GFP 是酸敏感型蛋白，在酸性环境下 GFP 会猝灭，而 mRFP 是稳定的荧光表达基团，不受外界影响。当自噬发生时，可见明亮黄光点，此为被红光和绿光同时标记的自噬体；当自噬体和溶酶体融合，自噬溶酶体内的 pH 值降低，使得改造过的 GFP 蛋白荧光猝灭，只可观测到红光，如图 1－10 所示。

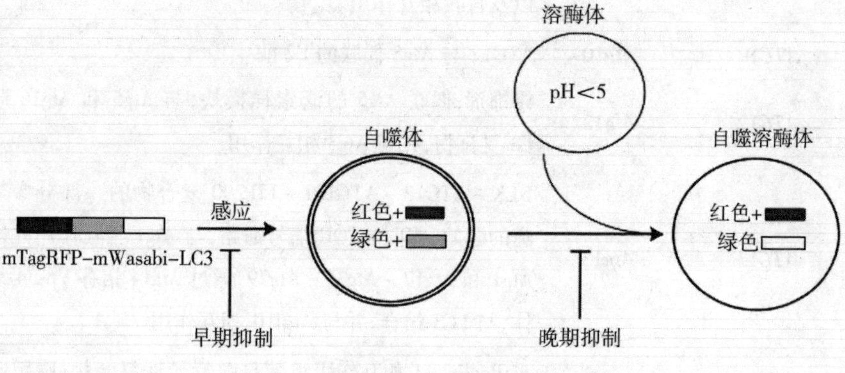

图 1－10 LC3 双荧光标记法原理

因此，GFP 的减弱可指示自噬溶酶体形成的顺利程度，GFP 越少，则从自噬小体到自噬溶酶体形成阶段流通得越顺畅。反之，自噬小体和溶酶体融合被抑制，自噬溶酶体进程受阻。mRFP 是一直稳定表达的，因而可以通过 GFP 与 mRFP 的亮点比例来评价自噬流进程，如图 1－11 所示。

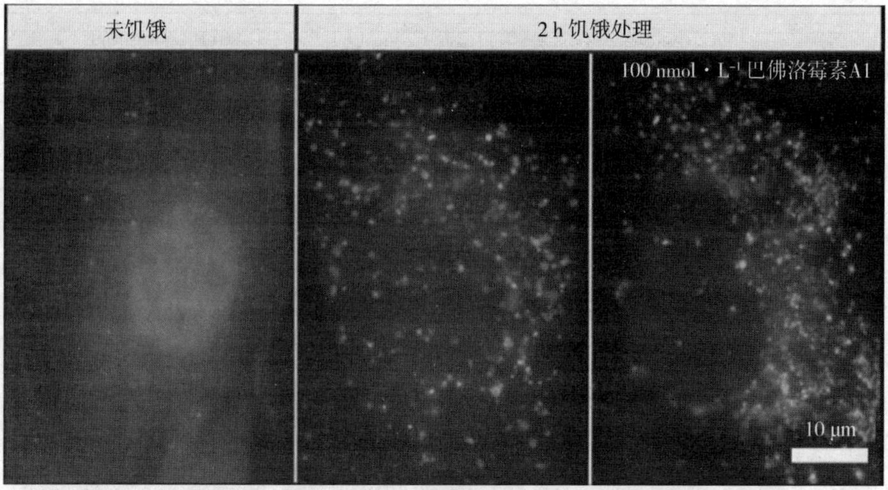

图 1－11　自噬溶酶体形成

(2)GFP－LC3 单荧光自噬指示体系

利用 LC3 在自噬形成过程中发生聚集的原理，开发出 GFP－LC3 指示技术：无自噬时，GFP－LC3 融合蛋白弥散在胞浆中；自噬形成时，GFP－LC3 融合蛋白转位至自噬体膜，在荧光显微镜下形成多个明亮的绿色荧光斑点，一个斑点相当于一个自噬体，可以通过计数来评价自噬活性的高低，如图 1－12 所示。但是绿色斑点增多并不一定代表自噬活性增强，也有可能是自噬溶酶体降解途径受阻，可以通过 Western blotting 检测游离的 GFP、p62 来验证。

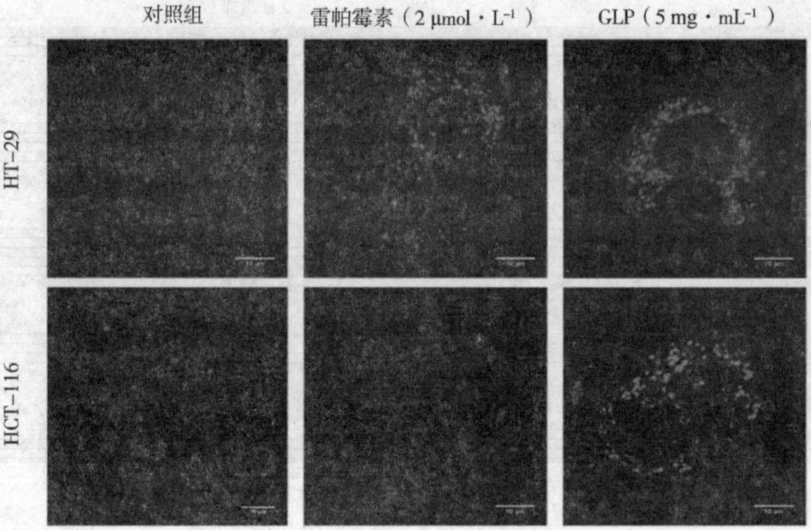

图 1－12　雷帕霉素诱导自噬体的形成

(3) Western blotting 检测 LC3 的切割和自噬底物

利用 Western blotting 检测 LC3Ⅱ/LC3Ⅰ比值的变化来评价自噬形成。自噬形成时，胞浆型 LC3 会酶解掉一小段多肽形成 LC3Ⅰ，LC3Ⅰ跟 PE 结合转变为自噬体膜型（LC3Ⅱ），因此，LC3Ⅱ/LC3Ⅰ比值的大小可估计自噬水平的高低，如图 1－13 所示。*LC3* 基因的特点及实验要点如表 1－4 所示。

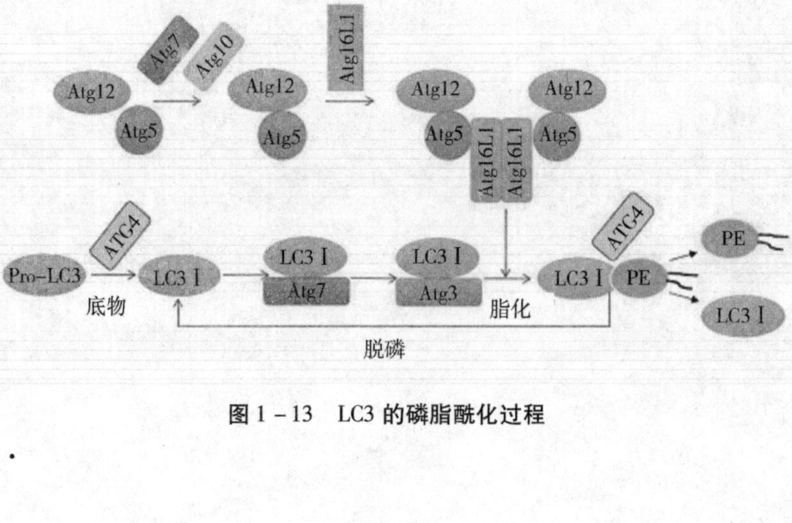

图 1－13　LC3 的磷脂酰化过程

表1-4　自噬标志物LC3的特点及实验要点

LC3 特点	实验要点
LC3A/B/C 细胞/组织类型分布特点	查询细胞/组织中各亚型的表达谱，选择合适靶标的抗体
LC3Ⅰ可转变为LC3Ⅱ	检测LC3Ⅰ和LC3Ⅱ使用LC3A、LC3B或者LC3A/B的抗体均可
脂化、膜相关蛋白	超声确保充分裂解
小分子量蛋白	约15%分离胶,0.22 μm印迹膜转膜
LC3Ⅱ可被溶酶体降解	加入工具药(如氯喹等),阻断降解
LC3Ⅰ/LC3Ⅱ的形成和降解是一个动态过程	瞬时LC3Ⅱ表达不能反映自噬程度,需配合使用工具药(如氯喹)分析自噬变化

在自噬体形成过程中,p62作为LC3和多聚泛素化蛋白之间的桥梁,被选择性地包裹进自噬体,之后被自噬溶酶体中的蛋白水解酶降解,p62蛋白的表达量与自噬活性呈负相关。因此,利用Western blotting检测p62蛋白的表达量也可以评价自噬水平,如图1-14所示。

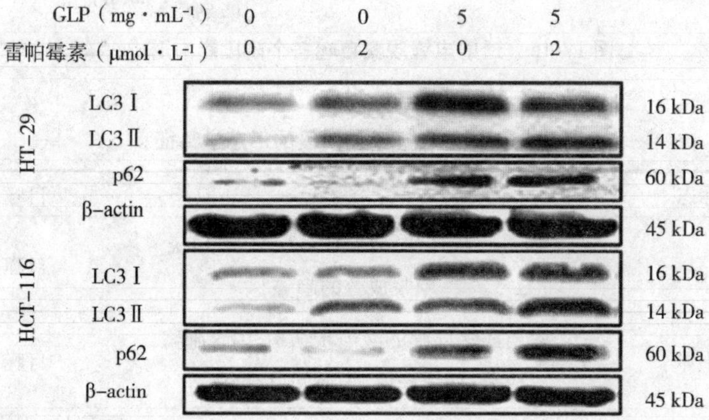

图1-14　Western blotting检测自噬标志物的表达量

(4)透射电镜下观察自噬体的形成

自噬经历了三个阶段:吞噬泡(phagocytic vacuole)—自噬小体—自噬溶酶体,如图1-15所示。

透射电镜下吞噬泡的特征为:新月状或杯状,双层或多层膜,有包绕胞浆成分的趋势。自噬小体的特征为:双层或多层膜的液泡状结构,内含胞浆成分,如线粒体、内质网、核糖体等。自噬溶酶体的特征为:单层膜,胞浆成分已降解。细胞自噬不同阶段的形态学特征如表1-5所示。

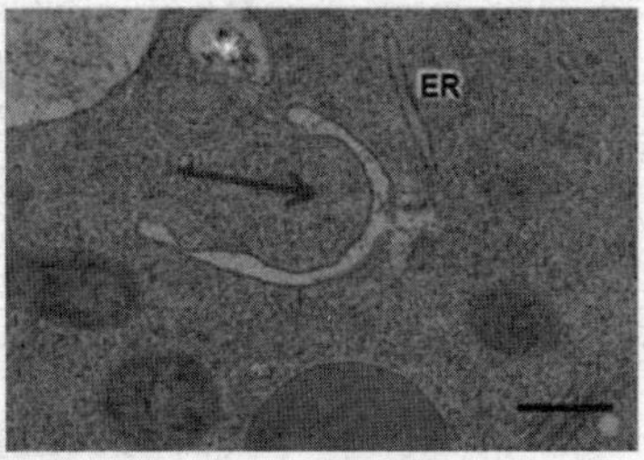

隔离膜

(a)

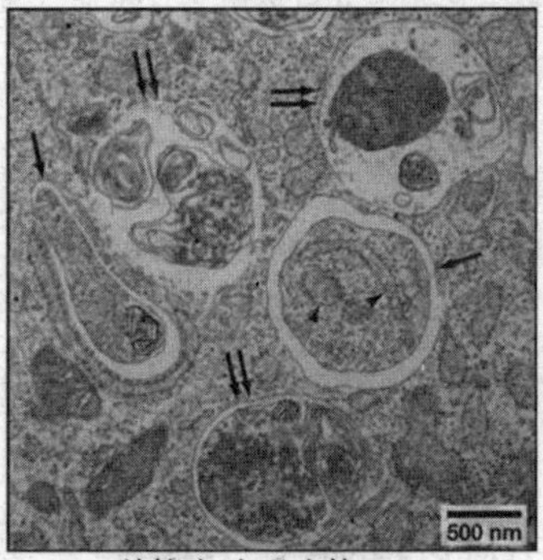

单箭头:自噬小体

双箭头:自噬溶酶体

(b)

图1-15 透射电镜观察自噬各个阶段囊泡形成

表1-5 细胞自噬不同阶段的形态学特征

自噬标志	形态学特征	自噬阶段
吞噬泡	新月状或杯状,双层或多层膜,有包绕胞浆成分的趋势	自噬初期
自噬小体	双层或多层膜的液泡状结构,内含胞浆成分,如线粒体、内质网、核糖体等	自噬中期
自噬溶酶体	单层膜,胞浆成分已降解	自噬后期

1.4.3 自噬的人工干预和调节

正常培养的细胞自噬活性很低,不适于观察。为了研究自噬,必须对自噬进行人工干预和调节。

(1)自噬诱导剂

①brefeldin A/thapsigargin/tunicamycin:模拟内质网应激。

②carbamazepine/L-690,330/lithium chloride(氯化锂):IMPase 抑制剂(inositol monopho-sphatase,肌醇单磷酸酶)。

③Earle's 平衡盐溶液:制造饥饿。

④N-acetyl-D-sphingosine(C2-ceramide):PI3K 信号通路抑制剂。

⑤雷帕霉素:最典型最常用的自噬诱导剂。

⑥xestospongin B/C:IP3R 阻滞剂。

(2)自噬抑制剂

①3-MA:hVps34 抑制剂。

②巴佛洛霉素 A1:质子泵抑制剂。

③羟氯喹。

除了选用上述工具药外,一般还可以结合遗传学技术对自噬相关基因进行干预。

1.5 本书研究的目的和意义

DEV 作为疱疹病毒科的成员,已对水禽养殖业造成重大经济损失,成为严重影响水禽业健康发展的疫病之一。尽管针对该病毒的研究主要集中在基因组结构分析、诊断方法建立和疫苗研制等方面,但相对于其他疱疹病毒,DEV 的研究起步较晚,其分子生物学方面的研究相对滞后,尤其是致病机制和宿主相互作用方面的研究几乎为空白。近年来,细胞自噬已经成为研究病毒逃逸宿主、复制机制及与宿主细胞相互作用的一个平台,关于 DEV 与细胞自噬关系的研究还未见报道。因此,本书研究的目的是探讨 DVE 与细胞自噬的关系及对病毒自身复制的影响,解析 DEV 感染诱导自噬的信号通路,寻找引起自噬的关键囊膜蛋白,以及与其相互作用的宿主蛋白。本书研究从细胞自噬角度,研究

DEV 复制增殖机制及与宿主细胞的相互作用关系,这对阐明 DEV 的致病性具有重要意义,为 DVE 的控制净化提供一定思路。

第 2 章　鸭肠炎病毒感染诱导 DEF 细胞的自噬

2.1 材料

2.1.1 毒株、细胞和质粒

DEV CSC 标准强毒株;11 ~ 12 日龄无特定病原体(special pathogen free, SPF)鸭胚。实验动物生产许可证号:SCXK(黑)2017 - 006;实验动物使用许可证号:SYXK(黑)2017 - 009。鸭胚成纤维(duck embryo fibroblast, DEF)细胞按常规方法制备。串联表达绿色荧光、红色荧光和鸭源的 LC3 蛋白的重组质粒 GFP - RFP - LC3。

2.1.2 主要试剂与仪器

改良型细胞培养基(Dulbecco's modified eagle medium, DMEM)、胎牛血清(fetal bovine serum, FBS)和胰酶;磷酸盐缓冲液(phosphate buffer saline, PBS)、青链霉素、4% 多聚甲醛、0.1% Triton X - 100;反转录试剂盒 PrimeScript™ 1st Strand cDNA Synthesis Kit、Marker、10 mmol · L^{-1} dNTP 溶液、蛋白上样缓冲液 5 × Loading Buffer、6 × 核酸上样缓冲液;T4 DNA 连接酶、限制性内切酶、预染蛋白 Marker;质粒中量提取试剂盒 Plasmid Midi Kit;Q5 High - Fidelity DNA Polymerase;RNA 提取试剂 TRIzol Reagent、磷酸钙转染试剂盒 Calcium PhosphateTransfection Kit;WST - 1 细胞增殖及细胞毒性检测试剂盒、DAPI、蛋白酶抑制剂 PMSF 和 RIPA 细胞裂解液;抗 DEV gB 蛋白的单克隆抗体;DNA 胶回收试剂盒;鼠抗 β - actin 单克隆抗体、兔抗 LC3 多克隆抗体、兔抗 p62 多克隆抗体、氯喹(chloroquine, CQ);IRDye 800CW 山羊抗兔 IgG(H + L)和 IRDye 800 CW 山羊抗鼠 IgG(H + L);共聚焦用玻底小皿(ϕ = 20 mm)。

PCR 仪、小型离心机、恒温冷冻离心机;细胞培养箱、生物安全柜;DNA 合成仪;激光共聚焦扫描系统、倒置荧光显微镜;SDS - PAGE 垂直电泳槽及半干转膜仪;近红外荧光成像系统;酶标仪;透射电子显微镜。

2.2 方法

2.2.1 GFP – LC3 质粒的构建

(1)DEF 细胞的制备、培养和传代

取 2 枚 11 ~ 12 日龄 SPF 鸭胚,用酒精和碘酊棉球对鸭胚气室部位蛋壳进行擦拭消毒,并置于无菌超净工作台中。将气室部位蛋壳小心敲碎,用高压灭菌弯头镊子取出鸭胚酮体,放置到无菌 PBS 中,用直头镊子去掉胚体头部、四肢及内脏,剩余胚体用 PBS 洗涤 1 次后放入无菌的青霉素小瓶中,用剪刀尽量剪碎胚体成为组织小块,PBS 漂洗 2 ~ 4 次。将组织小块转移到装有玻璃珠(直径约为 4 mm)的 200 mL 锥形瓶中,加入 5 mL 浓度为 0.25% 的胰酶,37 ℃恒温水浴作用 6 min 后加入约 30 mL PBS 终止胰酶消化,待悬浮的组织小块沉淀后弃掉 PBS,加入含有浓度为 5% FBS 和 0.1 $mg \cdot mL^{-1}$青链霉素的 DMEM 培养基约 30 mL,用力摇晃锥形瓶中玻璃珠 2 ~ 3 min,研磨组织小块。用 12 层无菌纱布过滤研磨过的组织液,将滤液中的细胞吹散,分装在 75 cm^2 细胞培养瓶中。放入含有 5% CO_2的 37 ℃恒温培养箱中培养。

原代细胞培养至 12 ~ 24 h 后,弃掉培养基,PBS 漂洗两次,用胰酶消化后,加入新鲜的含有 5% FBS 和 0.1 $mg \cdot mL^{-1}$ 青链霉素的 DMEM 培养基,悬浮细胞,根据不同实验的要求按照不同比例分装细胞,使细胞均匀分散地铺在培养皿中,放入含有 5% CO_2的 37 ℃恒温培养箱中继续培养,用于后续实验研究。

(2)DEF 细胞总 RNA 提取

取约 5×10^6个培养在 25 cm^2 细胞培养瓶中的 DEF 细胞,弃掉 DMEM 培养基,用预冷的 PBS 洗涤两次后,用细胞刮刀将细胞刮下,收集于细胞培养瓶底,加入 1 mL 的 TRIzol Reagent,反复吹打裂解细胞,收集裂解物于一个无 RNA 酶的 1.5 mL 离心管中,室温静置 5 min;加入 200 μL 氯仿,用漩涡振荡器强力振荡 15 s,静置 3 min。12 000 g,4 ℃,离心 15 min,谨慎转移上层无色液相至另一个新的无 RNA 酶离心管中;加入 500 μL 异丙醇,通过混合异丙醇和液相层沉淀 RNA,室温静置 10 min 后,12 000 g,4 ℃,离心 10 min,谨慎吸取上清液弃掉,沉淀即为 RNA;加入 1 mL 75% 乙醇溶液,洗涤 RNA 沉淀,6 000 g,4 ℃,离心

5 min，吸取上清液弃掉，将 RNA 沉淀置于室温下干燥 10 min，加入 40 ~ 70 μL DEPC 水溶解 RNA 沉淀，存储于 -80 ℃备用。

(3)反转录合成 cDNA

使用反转录试剂盒 PrimeScript™ 1st Strand cDNA Synthesis Kit，按照说明书操作，将提取的 DEF 细胞总 RNA 反转录成 cDNA，具体步骤体系见表 2-1。

表 2-1　反转录合成 cDNA 体系

试剂	用量
模板 RNA	2.00 μL
Oligo(dT) Primer($50\ \mu mol \cdot L^{-1}$)	1.00 μL
RNase Free dH_2O	3.00 μL
dNTPs Mixture($10\ mmol \cdot L^{-1}$)	0.50 μL
65 ℃水浴，5 min 后，在冰上急冷 2 min，瞬时离心数秒	
5 × PrimeScript Buffer	2.00 μL
RNase Inhibitor($40\ U \cdot \mu L^{-1}$)	0.25 μL
PrimeScript RNase($200\ U \cdot \mu L^{-1}$)	0.50 μL
RNase Free dH_2O	0.75 μL

30 ℃水浴，10 min；42 ℃水浴，60 min；70 ℃水浴，15 min。

制备好的 cDNA 于 -20 ℃储存备用。

(4)鸭 *LC*3 基因的克隆

根据 GenBank 中公布的鸭 *LC3B* 基因序列(NW_004676873.1)设计克隆该基因的 PCR 引物(附表 1)。以(3)制备的 DEF 细胞的 cDNA 作为 PCR 体系模板，进行 PCR 扩增，体系如表 2-2 所示。

表 2-2 PCR 体系

试剂	用量
模板 DNA	4.00 μL
5 × Q5 Reaction Buffer	10.00 μL
5 × Q5 High GC Enhancer	3.00 μL
dNTPs Mixture(10 mmol · L^{-1})	4.00 μL
上游引物(10 μmol · L^{-1})	2.50 μL
下游引物(10 μmol · L^{-1})	2.50 μL
Q5 超保真 DNA 聚合酶	1.00 μL
Nuclease Free H_2O	23.00 μL

反应程序:98 ℃ 30 s;98 ℃ 10 s,55 ℃ 20 s,72 ℃ 15 s;72 ℃ 2 min;共 35 个循环。

将 PCR 扩增产物经琼脂糖凝胶电泳进行鉴定分析,获得与预测的目的条带大小位置一致的片段。利用胶回收试剂盒对该片段进行回收纯化。然后用限制性内切酶 *Xho* Ⅰ 和 *EcoR* Ⅰ 对 pEGFP-C1 载体和目的片段回收产物进行双酶切,于 37 ℃水浴 1.5 h。酶切体系如表 2-3 所示。

表 2-3 酶切体系

试剂	用量
胶回收产物	20 μL
EcoR Ⅰ	2 μL
Xho Ⅰ	2 μL
Buffer	5 μL
dH_2O	21 μL

回收相应位置大小的酶切载体片段与酶切 PCR 产物片段后,利用 T4 DNA 连接酶,16 ℃过夜连接,连接体系如表 2-4 所示。

表 2-4　连接体系

试剂	用量
T4 DNA 连接酶	1 μL
10 × Buffer	1 μL
pEGFP-C1	1 μL
酶切后目的片段	7 μL

将连接产物加入 *E. coli* DH5α 感受态细胞中(于 1.5 mL 无菌离心管中)，混合均匀，冰上放置孵育 30 min 后，42 ℃水浴热激 1.5 min，再置于冰上孵育 5 min。将离心管置于超净工作台内，并加入 800 μL 无抗性 LB 液体培养基，于 37 ℃恒温摇床 180 $r \cdot min^{-1}$ 复苏 45 min 后，于室温 3 000 $r \cdot min^{-1}$ 离心 5 min，弃掉 800 μL 上清液，剩下的培养基悬浮管底菌体，均匀涂于 LB 固体培养基(卡那霉素)上，放置于 37 ℃恒温培养箱中过夜培养，挑取单个菌落于 LB 液体培养基(卡那霉素)中扩大培养，14~16 h 后使用商品化质粒提取试剂盒进行质粒的小量提取，经双酶切后于琼脂糖凝胶电泳鉴定，正确的质粒送到测序公司进行测序，测序正确的质粒命名为 GFP-LC3。

(5)质粒中量提取

GFP-LC3 及 GFP-RFP-LC3 质粒均采用质粒中提试剂盒 Plasmid Midi Kit 进行提取，按照说明书操作，具体步骤如下：

①取 500 μL 菌液接种于 50 mL 抗性 LB 液体培养基中，37 ℃培养 12~16 h。

②将菌液装入离心管中，4 ℃，6 000 *g* 离心 15 min。

③弃掉培养基，加入 4 mL Buffer P1(含有 RNase)将菌体完全重悬。

④加入 4 mL Buffer P2 溶液，缓慢小心颠倒 4~6 次，于 15~25 ℃下孵育 5 min。

⑤加入预冷的 4 mL Buffer P3 进行裂解，立即混合颠倒 4~6 次，直至出现白色絮状物质，室温孵育 10 min。

⑥4 ℃，10 000 *g* 离心 30 min。

⑦在离心过程中，加入 4 mL QBT 平衡吸附柱。

⑧将离心后的上清液小心吸取到吸附柱中，液体会随重力自行滴下。

⑨用 20 mL Buffer QC 分两次洗涤质粒,已去掉杂质成分。

⑩加入 5 mL Buffer QF 洗脱质粒 DNA 于 10 mL 洁净的离心管中。

⑪加入 3.5 mL 异丙醇于 10 mL 离心管中,混匀,4 ℃,12 000 *g* 离心 30 min。

⑫弃掉上清液,加入 2 mL 70% 乙醇,4 ℃,12 000 *g* 离心 10 min,洗涤管底沉淀。

⑬弃掉上清液,待沉淀物干燥后,加入 100 μL ddH_2O 溶解。

⑭测量浓度后,存储于 -20 ℃备用。

2.2.2 病毒感染和药物处理

DEV CSC 毒株按照不同的感染复数(multiplicity of infection,MOI)接种于培养皿孔底贴壁融合率达 80% 的单层 DEF 细胞中,37 ℃吸附 2 h 后,弃掉未吸附的病毒,用无菌 PBS 漂洗两次后,加入含有 2% FBS 和 0.1 mg · mL^{-1} 青链霉素的 DMEM 培养基中,放入含有 5% CO_2 的 37 ℃恒温培养箱中继续培养到不同时间点,空白未感染病毒细胞作为对照。对于药物处理实验,当单层的 DEF 细胞长至培养皿孔底贴壁融合率达 80% 时,用 20 μmol · L^{-1} CQ 处理细胞 24 h 后进行病毒感染(培养到不同时间点),CQ 处理未感染 DEV 的细胞组,DMSO 处理感染 DEV 及未感染 DEV 的细胞作为对照组。

2.2.3 质粒转染

使用磷酸钙转染试剂盒 Calcium Phosphate Transfection Kit 进行质粒转染,按照说明书操作,具体方法和步骤如下:

(1)DNA - 沉淀物制备 A 液:将 4 μg 制备好的质粒和 7.2 μL 2 mol · L^{-1} $CaCl_2$ 溶液分别加入 60 μL Culture Sterile Water 中,缓慢混匀; B 液:60 μL 2 × HBS 溶液;将 A 液逐滴滴加到 B 液中,并用枪头缓慢混匀,室温静置 30 min。

(2)将磷酸钙 - DNA 沉淀物逐滴加入到长至培养皿孔底贴壁融合率达 70% 的单层 DEF 细胞中,轻轻混匀。

(3)将细胞置于含有 5% CO_2 的 37 ℃恒温培养箱中继续培养 4 ~ 6 h 后,弃掉培养基,PBS 漂洗一次,加入 1 mL 配制好的休克液(含有 15% 甘油的 1 × HBS 溶液)作用 2 min,PBS 漂洗两次,加入新鲜的含有 3% FBS 和 0.1 mg · mL^{-1} 青链霉素的 DMEM 培养基，置于含有 5% CO_2 的 37 ℃恒温培养箱中继续培养。

2.2.4 SDS－PAGE & Western blotting

(1)制备蛋白样品

培养在 6 孔细胞培养板中的 DEV 感染或药物处理的 DEF 细胞，以及相应的对照组细胞一定时间后，弃掉 DMEM，用预冷的 PBS 漂洗两次，每孔加入 100 μL RIPA 裂解液(含有 1 mmol·L^{-1} PMSF)，将细胞刮下，收集细胞裂解物于 1.5 mL 离心管中，冰上孵育充分裂解 30 min 后，12 000 *g*，4 ℃离心 5 min，去除细胞碎片，吸取上清液于新的离心管中，加入 5×Loading Buffer 后混匀，沸水煮样 10～15 min，离心吸取上清液，于－20 ℃储存备用。

(2)SDS－PAGE

①将洁净的两块薄玻璃板压紧，固定到蛋白胶架上。

②根据需要，按照常规配方配制分离胶，混匀并迅速加到玻璃板中，加无菌水至没过薄玻璃板边缘。

③待分离胶凝固后，倒出玻璃板中的水，用滤纸吸净。

④加入配制好的浓缩胶，插入梳子，待凝固。

⑤拔掉梳子，安装好胶板和电泳槽，注满电泳液。

⑥缓慢上样，每孔加入 10 μL 制备好的蛋白样品。

⑦连接电源，先恒压 80 V，再调整为 120 V。

(3)Western blotting

①使用半干转膜仪，将经 SDS－PAGE 电泳分离的蛋白样品转移至 NC 膜，25 V 或 20 V 转膜 10～20 min。

②用 PBS 稀释好的浓度为 5% 的脱脂奶粉封闭转好的 NC 膜，室温作用 2 h，PBST(PBS 中加入 0.05% 的吐温 20)漂洗三次，每次 5 min。

③分别加入稀释好的鼠抗 β－actin 单克隆抗体(1∶10 000)、兔抗 LC3 多克隆抗体(1∶1 000)、兔抗 p62 多克隆抗体(1∶1 000)等一抗工作液，室温孵育 2 h 或 4 ℃孵育过夜，PBST 漂洗三次，每次 5 min。

④分别对应加入稀释好的 IRDye 800 CW 山羊抗鼠 IgG 或山羊抗兔 IgG(1∶10 000)，室温孵育 1 h，PBST 漂洗三次，每次 5 min。

⑤近红外荧光成像系统扫描、拍照，并对获取的条带灰度值进行半定量

分析。

2.2.5 激光共聚焦观察

(1)按照2.2.3描述的方法转染GFP－LC3或GFP－RFP－LC3质粒于培养在共聚焦用玻底小皿的DEF细胞中,培养24 h后,弃掉培养基,PBS漂洗两次。

(2)按照2.2.2的方法进行DEV感染或CQ药物处理,作用36 h后,弃掉上清液,PBS漂洗两次。

(3)加入500 μL 4%多聚甲醛,于室温环境下固定30 min,弃掉,PBS漂洗三次。

(4)加入1 mL 0.1% Triton X－100,室温透化15 min,弃掉,PBS漂洗三次。

(5)加入100 μL DAPI,室温避光染核10～15 min,PBS漂洗三次。

(6)激光共聚焦扫描系统观察记录GFP－LC3在细胞质中的点状聚集情况。

2.2.6 透射电子显微镜和免疫电镜

(1)透射电子显微镜

按照2.2.2的方法感染DEV于培养在25 cm^2细胞培养瓶中的DEF细胞,培养至36 h。然后进行电镜观察,空白未感染病毒细胞作为对照组。操作步骤如下:

①将细胞刮下,收集于1.5 mL离心管中,8～10 ℃下1 000 *g*离心10 min,弃掉上清液。

②PBS漂洗一次,900 *g*离心15 min,沉淀细胞,弃掉上清液。

③加入2.5%戊二醛于4 ℃固定2 h。

④PBS漂洗三次,每次15 min。

⑤加入1%锇酸于4 ℃固定1 h。

⑥PBS漂洗三次,每次15 min。

⑦用浓度梯度的丙酮对样品进行脱水处理;加入适量的Epon812白色树脂,于室温环境下过夜。

⑧将制备的样品块挑出,放入包埋模具中。

⑨于80 ℃环境下聚合48 h。

⑩将样品块制作成超薄切片,使用醋酸双氧铀－柠檬酸铅进行染色。

⑪室温环境干燥,使用透射电子显微镜进行观察、拍照。

(2)免疫电镜

按照 2.2.2 的方法感染 MOI＝1 的 DEV 于培养在 25 cm^2 细胞培养瓶中的 DEF 细胞,培养至 36 h。然后进行免疫电镜观察,空白未感染病毒细胞作为对照组。操作步骤如下:

①收获细胞后,加入含有 0.1 $mol \cdot L^{-1}$ HEPES－NaOH 缓冲液(pH＝7.4)的 4% 多聚甲醛于室温过夜固定,用去离子水漂洗三次,每次 15 min。

②分别用 50%、70%、90% 的 DMF 4 ℃处理样品,各 15 min。

③用 100% 的 DMF 4 ℃处理样品两次,每次 10 min。

④用 DMF∶树脂的比例为 2∶1 的溶液,4 ℃孵育 30 min。

⑤用 DMF∶树脂的比例为 1∶2 的溶液,4 ℃孵育 30 min。

⑥用纯树脂对样品进行包埋,4 ℃过夜。

⑦于－20 ℃紫外聚合 10 d。

⑧将聚合好的样品块制作成超薄切片,镍网捞起。

⑨加入 3% BSA 室温封闭 30 min。

⑩加入 1% BSA 稀释的 p62 抗体,室温孵育 40 min。

⑪去离子水清洗三次,每次 5 min。

⑫加入 1% BSA 稀释的胶体金标记的羊抗兔二抗,室温孵育 40 min。

⑬去离子水清洗三次,每次 5 min。

⑭使用醋酸双氧铀－柠檬酸铅对切片进行染色。

⑮室温干燥,使用免疫电镜进行观察、拍照。

2.2.7　细胞活性分析

使用 WST－1 细胞增殖及细胞毒性检测试剂盒进行检测,按照说明书操作,具体方法和步骤如下:

(1)将 WST－1 粉末加入 1 mL 电子耦合试剂中,充分混匀,待完全溶解即为 WST－1 溶液,分装后于－20 ℃避光保存。

(2)将 DEF 培养在 96 孔细胞培养板中,加入药物或转染 siRNA。

(3)药物处理或 siRNA 干扰特定时间后,每孔加入 10 μL WST－1 溶液,继续培养 1 ~2 h。不经任何处理的空白细胞作为对照组。

(4)将细胞板置于摇床上缓慢晃动 60 s,以充分混匀待检测体系。使用酶标仪测定样品在 450 nm 波长下的 OD 值。

(5)计算处理组细胞 OD 平均值和对照组细胞 OD 平均值的比值。

2.2.8 统计分析

使用 GraPhpad Prism 5.0 软件进行数据统计分析。Tukey's test 用于各组数据差异分析,$p<0.05$(*)表示差异显著,$p<0.01$(**)表示差异极显著。

2.3 结果

2.3.1 DEV 感染诱导 DEF 细胞自噬体的积累

LC3 是自噬体的标志蛋白,当自噬体形成时,LC3Ⅰ被磷脂酰乙醇胺修饰成 LC3Ⅱ,因此,某种程度上,LC3Ⅱ的表达量可以衡量自噬体的积累。通过 Western blotting 方法利用 LC3 抗体检测在 DEV 感染过程中 LC3Ⅰ向 LC3Ⅱ的转化程度以选择最优的病毒接种剂量;随后检测在病毒感染的各个时间点自噬体的形成情况。结果显示,在接种病毒 48 h 后,感染 DEV 的剂量在 MOI 为 0.1 ~10 的范围内,DEV 诱导的自噬体的积累呈病毒接种剂量依赖性增加,如图 2 -1(a)和(b)所示。结合该病毒的生长动力学曲线,选择 MOI =1 的剂量用于后续的实验研究。相比于未感染的细胞,感染病毒 36 h、48 h、60 h 和 72 h 后,DEF 细胞中 LC3Ⅰ向 LC3Ⅱ的转化程度显著提高。病毒 gB 蛋白指示了病毒的感染过程,如图 2 -1(c)和(d)所示,表明 DEV 感染诱导了 DEF 细胞自噬体的积累。

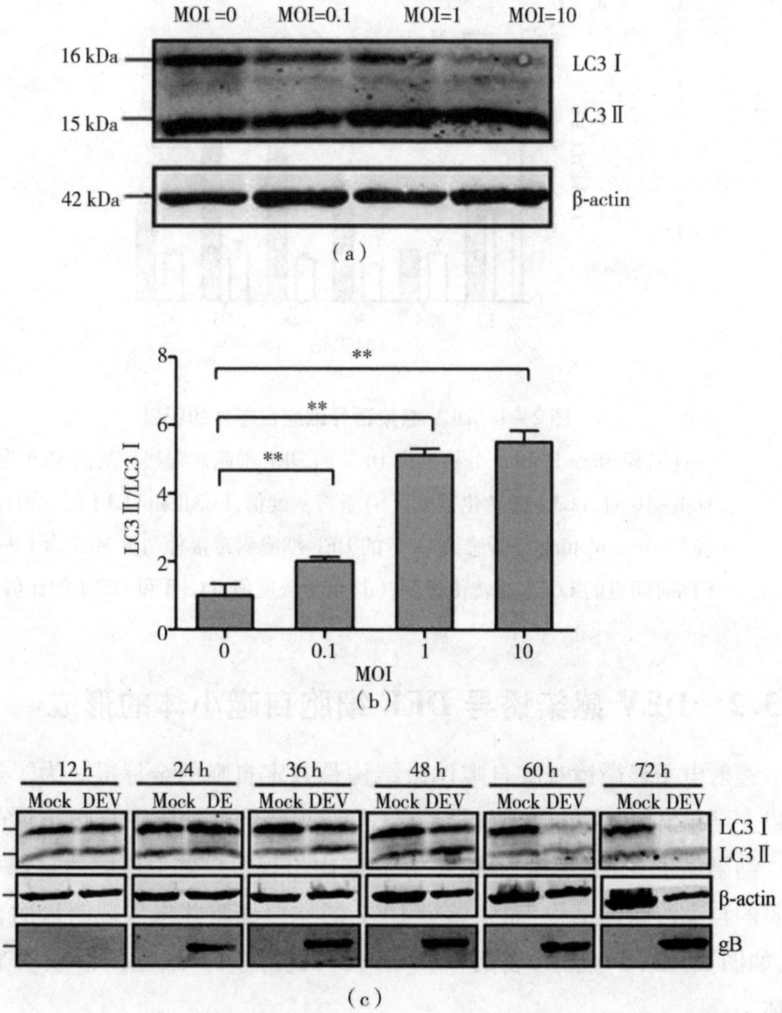
MOI =0
MOI=0.1
MOI=1
MOI=10
16 kDa
15 kDa
42 kDa
LC3 Ⅰ
LC3 Ⅱ
β-actin
(a)
LC3 Ⅱ /LC3 Ⅰ
MOI
**
0
0.1
1
10
(b)
12 h
24 h
36 h
48 h
60 h
72 h
Mock DEV
15 kDa
16 kDa
42 kDa
110 kDa
gB
(c)

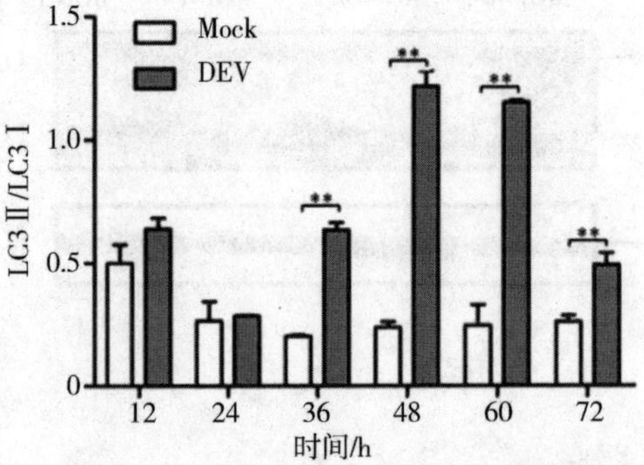

(d)

图 2-1 DEV 感染诱导细胞自噬体的积累

注:(a)Western blotting 分析感染 DEV 的 DEF 细胞病毒接种剂量 MOI 为 0.1~10 时,LC3 Ⅰ的转化程度;(b)条带灰度值:LC3 Ⅱ和 LC3 Ⅰ的比值;(c)Western blotting 分析感染 DEV 的 DEF 细胞病毒接种剂量 MOI 为 1 时,不同时间点的 LC3 Ⅰ的转化程度;(d)条带灰度值:LC3 Ⅱ和 LC3 Ⅰ的比值。

2.3.2 DEV 感染诱导 DEF 细胞自噬小体的形成

透射电子显微镜观察自噬体微结构是判定自噬的金标准。为了进一步确认以上结果,使用透射电子显微镜观察 DEV 感染的细胞中自噬小体的形成情况。结果显示,DEV 感染后 36 h,在胞浆内出现了一些双层膜的自噬小体或单层膜的自噬溶酶体结构,而未感染 DEV 的空白细胞并未出现明显的自噬体结构,如图 2-2(a)所示,表明 DEV 感染可诱导 DEF 细胞内形成明显的自噬小体。

为了进一步说明自噬体的形成,对自噬溶酶体的降解底物分子 p62 蛋白进行了免疫胶体金电镜观察。笔者发现感染 DEV 的细胞中有大量的 p62 免疫标记,围绕双层自噬小体一圈。而未感染细胞中的 p62 免疫标记较少,如图 2-2(b)所示。这说明 DEV 感染确实诱导了细胞内自噬小体的形成。

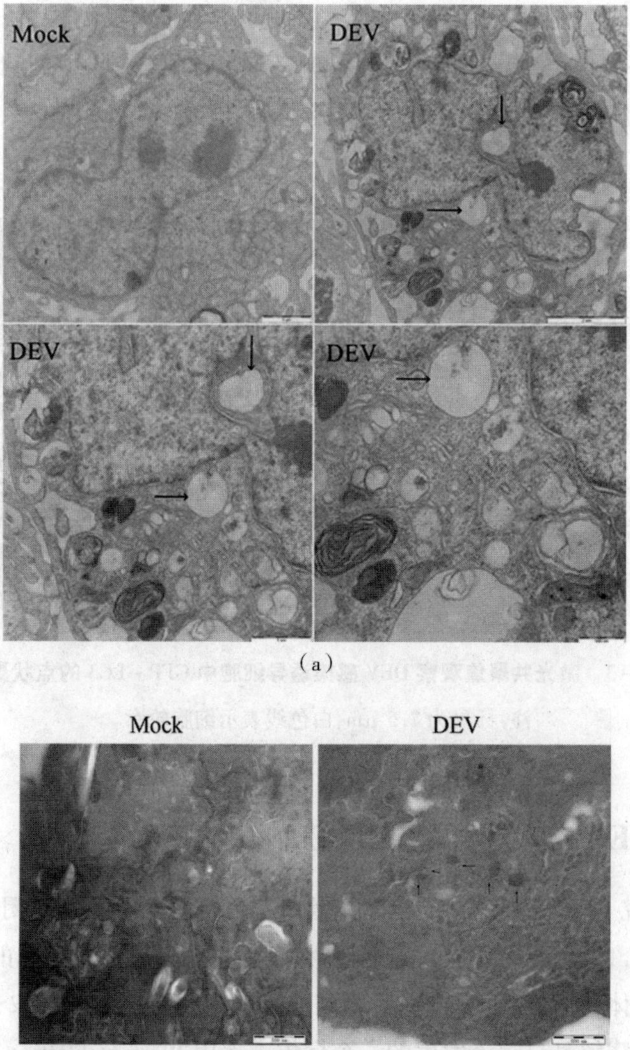

图 2-2　DEV 感染诱导 DEF 细胞自噬小体的形成

注:(a)透射电子显微镜观察自噬体结构,黑色箭头指示自噬体结构,标尺为 0.5~2.0 μm;
(b)免疫胶体金电镜观察 p62 免疫标记,黑色箭头指示 p62 免疫标记,标尺为 500 nm。

LC3Ⅰ在胞浆中呈弥散分布,而 LC3Ⅱ聚集于自噬体膜上,并在胞浆中呈点状分布。笔者将融合表达 GFP 蛋白和 LC3 蛋白的重组质粒 GFP-LC3 转染于

DEF 细胞 24 h 后,通过追踪 GFP 的荧光监测 LC3 的分布。结果发现,感染病毒 36 h 后,GFP - LC3 在胞浆中呈清晰的点状分布,而在未感染的细胞胞浆中呈弥散分布。这进一步表明 DEV 感染后诱导了自噬体的形成,如图 2 - 3 所示。

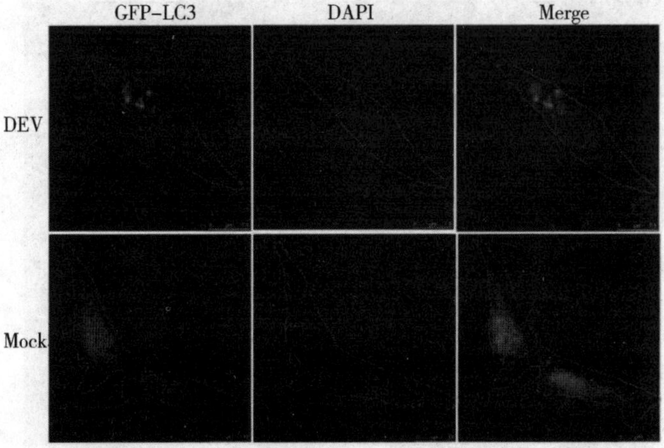

图 2 - 3 激光共聚焦观察 DEV 感染诱导细胞中 GFP - LC3 的点状聚集

注:标尺为 7.5 μm,白色线表示细胞轮廓。

2.3.3 DEV 感染诱导 DEF 细胞的自噬流

为了探究 DEV 感染诱导的自噬体增加是诱导了自噬还是封闭了自噬体和溶酶体的结合,笔者执行了自噬流检测实验。自噬流是一个动态的、持续的过程,包括自噬体的形成,运输自噬底物到溶酶体中,并被降解。p62 是自噬的降解底物,它的降解是自噬流发生的一个标志。运用 Western blotting 方法检测细胞中 p62 的表达量,结果显示,感染病毒 36 h、48 h 和 60 h 后,p62 的表达量显著下降,即 p62 作为自噬底物被降解,而未感染的细胞中 p62 并没有发生显著变化,如图 2 - 4 (a)和(b)所示。

抑制自噬发生晚期阶段会导致自噬体的积累,从而引起 LC3 Ⅱ 和 p62 表达量的流转,这种现象可指示细胞自噬流的发生,CQ 是一种可以抑制自噬体和溶酶体融合的化学药物。通过 Western blotting 的方法检测 CQ 处理的 DEV 细胞 LC3 Ⅱ 和 p62 的表达量的变化。相比于对照组,CQ 处理的 DEV 细胞中的LC3 Ⅱ

和 p62 的表达量均显著增加,如图 2 -4(c)和(d)所示。

GFP 可以反映自噬体呈递到溶酶体的过程,但因为溶酶体中的低 pH 环境可以猝灭绿色荧光蛋白 GFP 的荧光信号,相反红色荧光蛋白 RFP 对酸性环境具有较高的耐受性。当自噬发生时,可以观察到红色或黄色的 LC3 点状聚集。转染表达绿色和红色荧光的双荧光蛋白 GFP - RFP - LC3 质粒于 DEF 细胞中,24 h 后接种 DEV 或用 CQ 处理。结果显示,在 CQ 处理的 DEV 感染细胞中,绿色荧光和红色荧光重叠成黄色点状荧光,而在对照组细胞中,却几乎看不到点状荧光分布,如图 2 -4 (e)所示。这些结果表明,DEV 感染诱导了 DEF 细胞的自噬流的发生。

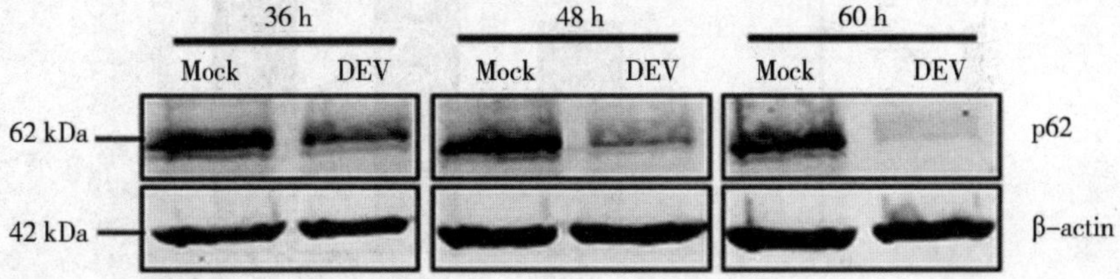

(a)

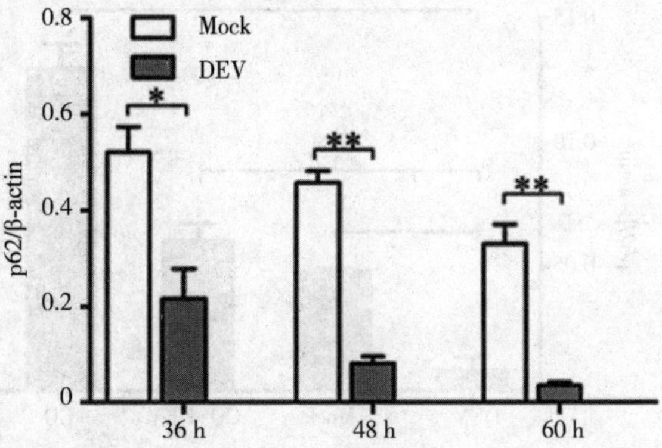

(b)

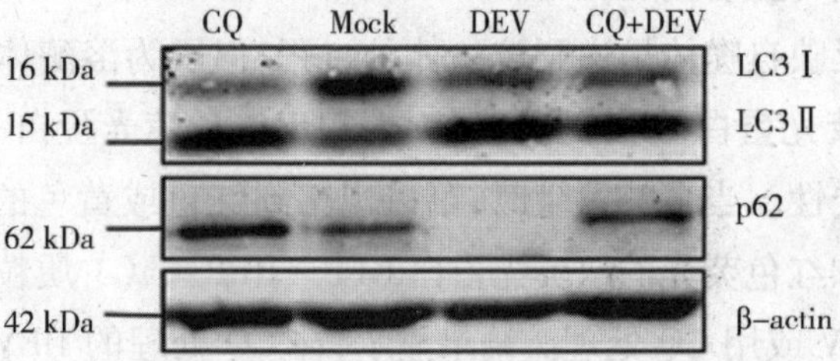
CQ
Mock
DEV
CQ+DEV
16 kDa
15 kDa
62 kDa
42 kDa
LC3 Ⅰ
LC3 Ⅱ
p62
β-actin

(c)

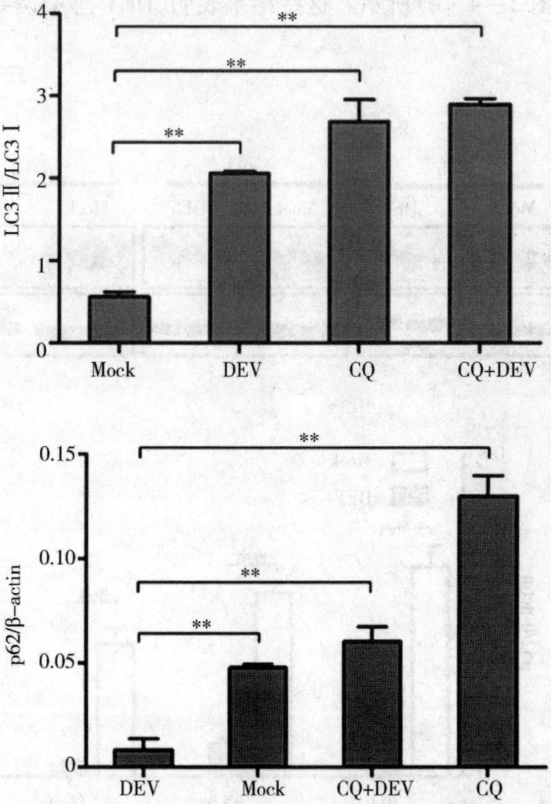
LC3 Ⅱ/LC3 Ⅰ
4
3
2
1
0
**
**
**
Mock
DEV
CQ
CQ+DEV
p62/β-actin
0.15
0.10
0.05
0
**
**
**
DEV
Mock
CQ+DEV
CQ

(d)

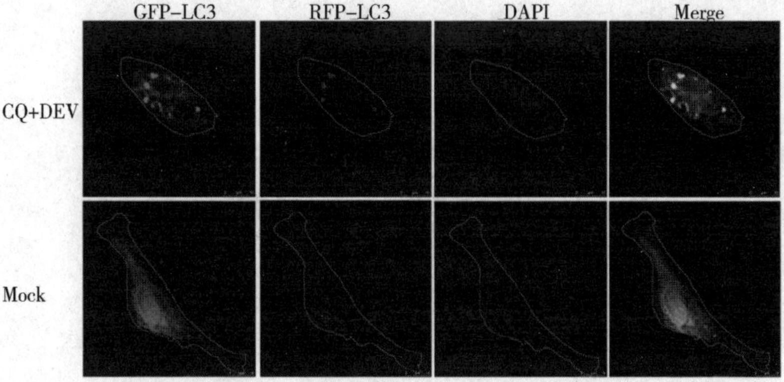

(e)

图 2－4　DEV 感染诱导了细胞的自噬流

注:(a)DEV 感染细胞中 p62 的表达量变化;(b)条带灰度值:p62 和 β－actin 比值;

(c)有或者没有 CQ 处理时,LC3Ⅱ和 p62 表达水平的变化;

(d)p62 和 β－actin 比值以及 LC3Ⅱ 和 LC3Ⅰ的比值;

(e)有或者没有 CQ 处理细胞时,GFP－RFP－LC3 的点状聚集分布,标尺为 10 μm。

2.3.4　细胞活性不受影响

考虑到药物 CQ 处理可能对细胞活性产生影响,进而干扰实验结果的准确性,笔者利用 WST－1 细胞增殖及毒性检测试剂盒检测运用到本实验研究中的 CQ 对细胞活性的影响。结果表明,和空白对照组相比,经过 CQ 处理的细胞活性并没有受到影响(图 2－5)。

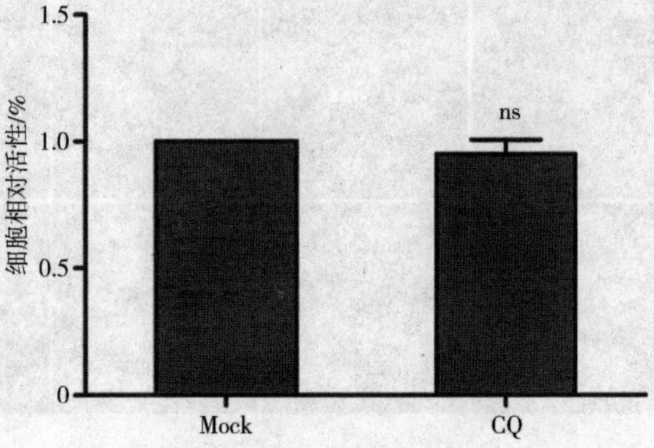

图 2－5　CQ 处理对细胞活性没有影响

注:ns 表示不显著。

2.4　讨论

DEV 能引起严重的水禽疾病,并对水禽业经济发展造成了重大威胁。目前针对 DEV 的研究主要集中在分子结构、诊断方法建立和疫苗研制方面,而和宿主细胞相互作用方面并没有相关的深入研究。自噬是病原感染宿主应答的一个重要部分,并且是病原体检测和清除的重要调控者,所以自噬对于宿主监视是不可或缺的,并扮演着一个效应者的重要角色。近些年来,病毒和自噬的关系一直被广泛讨论。然而 DEV 和细胞自噬的关系还没有报道。本书研究中,笔者旨在探究 DEV 感染和 DEF 细胞自噬的关系,并发现 DEV 感染能诱导 DEF 细胞的自噬流。

笔者发现,DEV 感染的宿主细胞中 LC3Ⅰ向 LC3Ⅱ的转化程度显著增加,并呈感染剂量依赖性,同时引起了自噬体样双层或单层囊膜结构的增加,并且 GFP－LC3 在胞浆中呈点状分布。这些结果表明病毒感染诱导了自噬体的形成,这些为研究 DEV 感染和宿主细胞的相关作用提供了有价值的参考。

自噬流是一个动态和持续的过程,相对于自噬体的形成过程更能精准地指示自噬活性。对于不同的病毒,产生的自噬应答也并不一致。其中 HCV 和猪繁殖与呼吸综合征症病毒(porcine reproductive and respiratory syndrome virus, PRRSV)诱导了细胞的不完全自噬,而蓝舌病病毒(bluetongue virus, BTV)和

VZV 感染则诱导了一些细胞的完全自噬。本章的结果显示，DEV 感染降低了细胞中 p62 的表达水平；CQ 作为自噬的晚期抑制剂抑制自噬体和溶酶体的结合，提高了 DEV 感染的细胞中 LC3Ⅱ和 p62 的表达水平，暗示了自噬的流转，同时也呈现了绿色荧光和红色荧光重叠成黄色点状聚集的结果。这个结果表明 DEV 感染触发了细胞的完全自噬流。

事实上，一些疱疹病毒科成员如 HSV－1，HCMV，KHSV，MHV－68 均能抑制细胞自噬，然而 EBV 的潜伏膜蛋白 LMP1 诱导了感染细胞的自噬。笔者的发现和已公布的与 DEV 同为 α 疱疹病毒科的 VZV 感染的结果相似。Takahashi 等人发现 VZV 也诱导了 MRC－5 成纤维细胞和 MeWo 黑色素瘤细胞的完全自噬。笔者推测 VZV 和 DEV 不同于同一亚科的 HSV－1 对自噬的抑制，可能是因为 VZV 和 DEV 均缺少 HSV 的两个编码与自噬关键调控蛋白结合的 *ICP*34.5 和 *US*11 基因。然而，对于 DEV 和自噬相互作用的分子机制还不了解，关于 DEV 和自噬的研究仍需要深入探讨。

本章研究中，DEV 感染细胞从 MOI 为 0.1~10 均能诱导自噬体的增加并呈剂量依赖性，尽管 HSV－1 的神经毒力基因 *ICP*34.5 编码的蛋白质在宿主细胞中是抑制自噬的，但是高剂量接种病毒同样也会诱导自噬的发生。所以为了准确地确定 DEV 和自噬的关系，笔者选择 MOI 为 1 作为后续实验的最优接种剂量。

本章的难点之一是 DEV 的靶细胞是 DEF 细胞——一种用 11～12 日龄鸭胚制作的原代成纤维细胞，制作过程中细胞容易污染并且批间重复性差，费时耗力。然而相比于传代细胞系来说，原代成纤维细胞更能模仿动物本身的生理学环境，维持组织细胞的原始结构和功能特性，因此笔者仍旧采用 DEF 细胞作为实验细胞材料。

第 3 章　自噬对鸭肠炎病毒复制的影响

3.1　材料

3.1.1　毒株、细胞和质粒

DEV CSC 标准强毒株；11 ~ 12 日龄 SPF 鸭胚；DEF 细胞按常规方法制备；GFP - LC3 质粒；灭活 DEV 毒株的制备：DEV 在 56 ℃水浴锅中，灭活处理 40 min，间断地温和摇晃病毒。

3.1.2　主要试剂与仪器

DMEM、FBS 和胰酶；PBS 和青链霉素；预染蛋白 Marker；X - tremeGENE siRNA 转染试剂；WST - 1 细胞增殖及细胞毒性检测试盒、RIPA 细胞裂解液、PMSF、DMSO、雷帕霉素（rapamycin，RAPA）；LY294002、渥曼青霉素（wortmannin）；抗 DEV gB 蛋白的单克隆抗体；鼠抗 β - actin 单克隆抗体、兔抗 LC3 多克隆抗体、兔抗 Beclin - 1 多克隆抗体和鼠抗 ATG5 单克隆抗体；IRDye 800 CW 山羊抗鼠 IgG（H + L）和山羊抗兔 IgG（H + L）；引物；siRNA。

小型离心机、恒温冷冻离心机；细胞培养箱、生物安全柜；倒置荧光显微镜；SDS - PAGE 垂直电泳槽及半干转膜仪；近红外荧光成像系统；酶标仪。

3.2　方法

3.2.1　病毒感染和药物处理

将 DEF 细胞培养于 6 孔细胞培养板中，用含 5% FBS 的 DMEM 在 5% CO_2 的 37 ℃恒温培养箱中培养单层细胞至孔底贴壁融合率达 70% ~ 80%，弃掉培养基，用 PBS 漂洗两次，加入各个药物工作液（LY294002，wortmannin 和 RAPA）分别进行 2 ~ 4 h 的预处理，然后按照 2.2.2 的方法感染 DEV，而后在 5% CO_2 37 ℃恒温培养箱中继续培养 24 h。LY294002、wortmannin 和 RAPA 的药物工作浓度分别为 33 $\mu mol \cdot L^{-1}$、3 $\mu mol \cdot L^{-1}$ 和 200 $nmol \cdot L^{-1}$。同时加入相同体积的药物溶解液 DMSO 或 ddH_2O 作为阴性对照组。

3.2.2 siRNA 转染

合成靶向自噬关键基因 *Beclin* - 1 和 *ATG5* 的 siRNA。引物序列如下：Beclin - 1 - siRNA：GCUCAGUACCAGAAGGAAUTT（正），AUUCCUUCUGGUACUGAGCTT（反）。ATG5 - siRNA：GGAUGUGAUUGAAGCUCAUTT（正），AUGAGCUUCAAUCAAUCACAUCCTT（反）。参照说明书，将合成的粉末状 siRNA 用 DEPC 水稀释至浓度为 20 μmol · L^{-1}。分装后置于 -80 ℃存储备用。

转染混合物的配制：120 μL DMEM 加入 40 μL X - tremeGENE siRNA 转染试剂和 40 μL siRNA/siNC，用枪头轻柔吹打混匀后，室温静置 20 min，将该混合物逐滴滴到长至 6 孔细胞培养板孔底贴壁融合率达 60% 的 DEF 单层细胞中（siRNA 的终浓度为 100 nmol · L^{-1}），在 5% CO_2 的 37 ℃ 恒温培养箱中培养 6 ~ 8 h，然后弃掉培养基，用 PBS 漂洗两次，加入新鲜的含 2% FBS 的 DMEM 培养基中继续培养。转染 24 h 后，按照 2.2.2 的方法接种 DEV，继续培养至 24 h，不接毒作为对照组。

3.2.3 SDS - PAGE & Western blotting

感染 DEV 的 DEF 细胞培养特定时间后，按照 2.2.3 的方法进行 Western blotting 分析。其中一抗包括鼠抗 β - actin 单克隆抗体、兔抗 LC3 多克隆抗体、兔抗 Beclin - 1 多克隆抗体、鼠抗 ATG5 单克隆抗体和抗 DEV gB 蛋白的单克隆抗体。

3.2.4 病毒滴定

测定病毒滴度（$TCID_{50}$）的变化以分析药物处理或 siRNA 转染对 DEV 复制的影响，按 3.2.1 ~ 3.2.2 中所述方法进行药物处理或 siRNA 转染，培养到病毒感染指定时间后，弃掉 DMEM，PBS 漂洗两次后进行反复冻融，离心去掉细胞碎片，收集上清液，存储于 -80 ℃冰箱用于测定子代病毒的病毒滴度。具体步骤如下：

（1）在 96 孔细胞培养板中，用含 5% FBS 的 DMEM 培养基培养 DEF 细胞，在 5% CO_2 37 ℃ 恒温培养箱培养至孔底贴壁融合率达 80%。

（2）分别加 900 μL 不含 FBS 的 DMEM 培养基于 9 个无菌的 1.5 mL 离心

管中，取100 μL收集的病毒液加入1号管中，充分混匀，从中取100 μL加入2号管，以此类推，将上述收集的病毒液依次进行10倍倍比稀释，从10^{-1}稀释到10^{-8}。

(3)弃掉96孔细胞培养板中DMEM培养基，将稀释好的病毒液分别接种到细胞培养板中，每个稀释度接种8孔，每孔100 μL。同时用100 μL DMEM培养基作为对照。

(4)感染后60～72 h观察并记录细胞病变情况。

(5)按照Reed－Muench法计算病毒的$TCID_{50}$。

3.2.5 细胞活性分析

将DEF细胞培养在96孔细胞培养板中，按照3.2.1和3.2.2的方法加入药物或转染siRNA。

药物处理或siRNA转染特定时间后，按照2.2.7描述的方法进行操作。

3.2.6 统计分析

使用GraPhpad Prism 5.0软件进行统计分析。Tukey's test用于数据分析，$p<0.01$(**)表示差异极显著，$p<0.05$(*)表示差异显著。

3.3 结果

3.3.1 细胞自噬的产生依赖于DEV的复制

为了探究是DEV的复制产物还是进入到细胞中的病毒粒子引起了自噬，分别用标准毒株和灭活毒株（热灭活）感染DEF细胞36 h，通过Western blotting方法检测细胞的自噬水平。结果发现，接种灭活毒株的细胞LC3Ⅰ向LC3Ⅱ的转化程度同未接毒的对照组相比并没有显著变化，而接种标准毒株的细胞LC3Ⅰ向LC3Ⅱ的转化程度显著提高，如图3－1所示。这表明DEV诱导细胞的自噬依赖于病毒的复制。

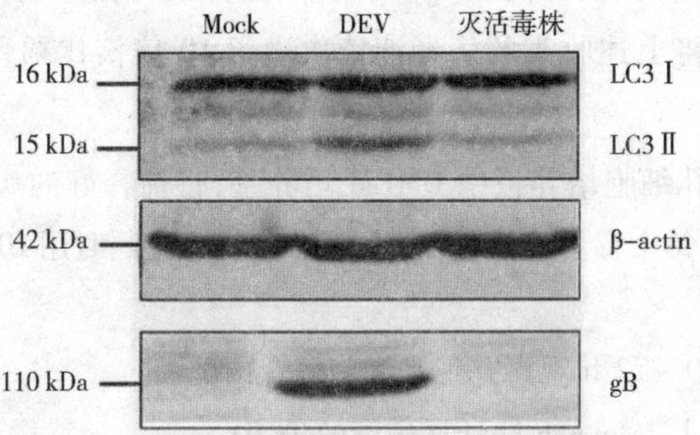

（a）

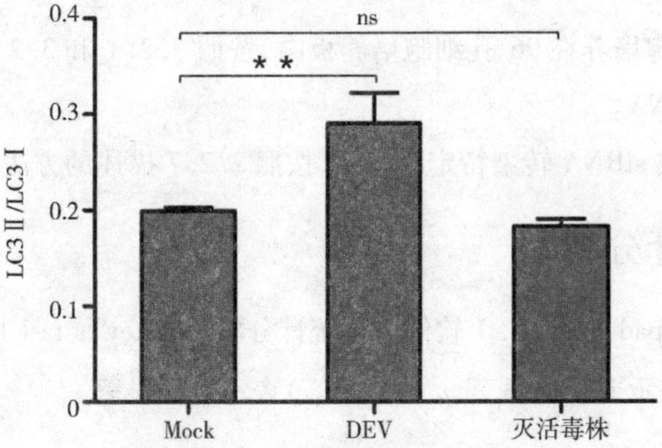

（b）

图 3－1　自噬依赖于 DEV 复制

注:(a)Western blotting 检测灭活的 DEV 感染的 DEF 细胞 LC3 Ⅰ的转化程度;
(b)条带灰度值:LC3 Ⅱ和 LC3 Ⅰ的比值。

3.3.2　抑制自噬抑制 DEV 复制

既然 DEV 诱导的自噬依赖于病毒的复制,那么自噬和病毒复制是否存在着某种联系? LY294002 和 wortmannin 均可抑制 PI3K 活性,是自噬的一种早期抑制剂。用 LY294002 和 wortmannin 分别处理 DEF 细胞 2～4 h 后感染 DEV,检测细胞自噬水平。结果发现,用两种药物处理的细胞中 LC3 Ⅰ向 LC3 Ⅱ的转化程度降低了,表明自噬被显著抑制,同时病毒糖蛋白 gB 的表达量显著下降,如

图 3－2(a)和(b)所示。另外感染病毒 36 h 后,两种抑制剂处理的细胞收集的子代病毒粒子的滴度也都显著下降了,这表明两种抑制剂抑制的自噬抑制了病毒的复制,如图 3－2(c)和(d)所示。

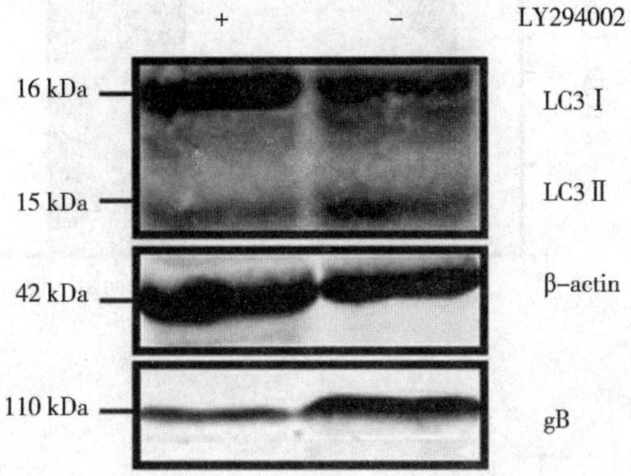

(a)

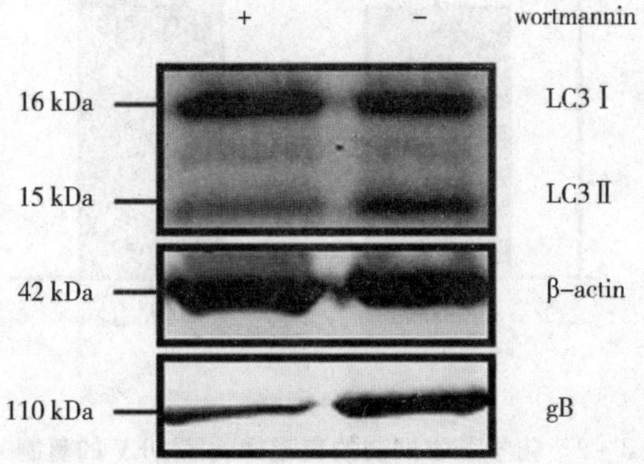

(b)

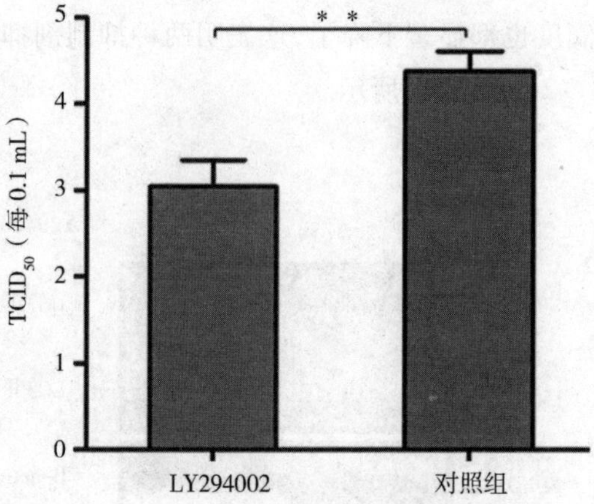

（c）

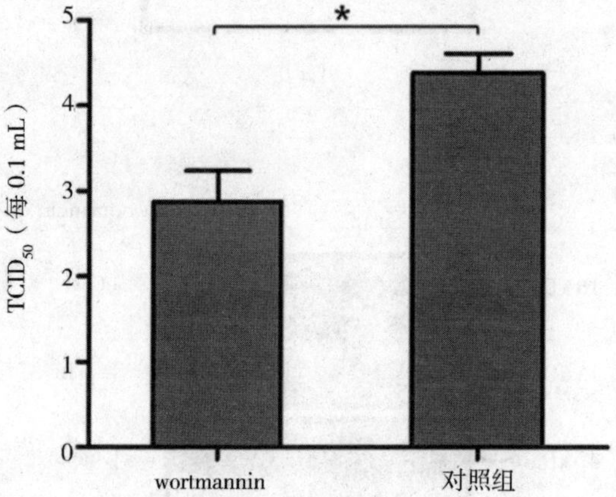

（d）

图 3 - 2　化学药物抑制的自噬抑制了 DEV 的复制

注:（a）Western blotting 检测 LY294002 处理的细胞 LC3 Ⅰ 的转化程度;

（b）Western blotting 检测 wortmannin 处理的细胞 LC3 Ⅰ 的转化程度;

（c）LY294002 处理细胞的子代病毒粒子的滴度;

（d）wortmannin 处理细胞的子代病毒粒子的滴度。

为了排除药物对细胞的非特异性影响,利用靶向自噬体形成和成熟的重要调控基因 *Beclin* - 1 和 *ATG*5 的 siRNA 抑制细胞的自噬水平。运用 Western blotting 检测方法发现转染了 siRNA 细胞的 Beclin－1 和 ATG5 蛋白的表达水平均显著下降,同时 LC3 Ⅰ向 LC3 Ⅱ的转化程度降低,表明自噬被显著抑制。病毒糖蛋白 gB 的表达量下降,如图 3－3(a)和(b)所示,同时感染病毒 36 h 后,siRNA 转染的细胞收集的子代病毒粒子的滴度也都显著下降,如图 3－3(c)和(d)所示。

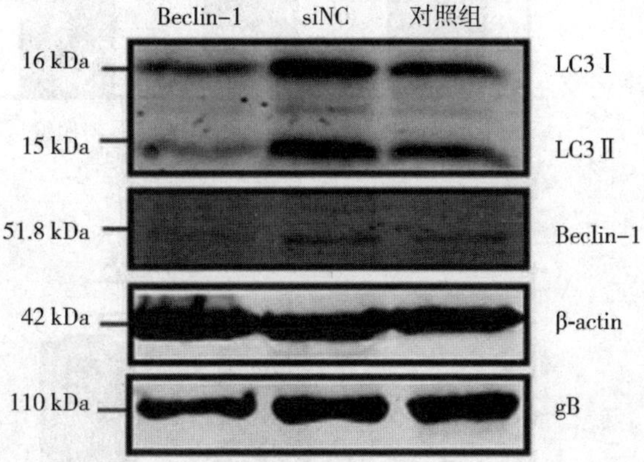

(a)

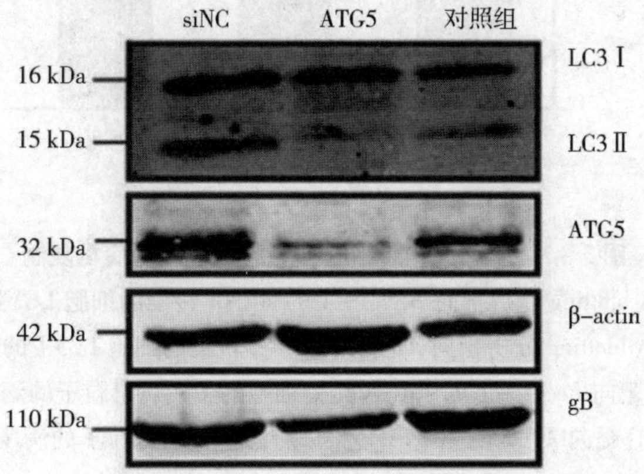

(b)

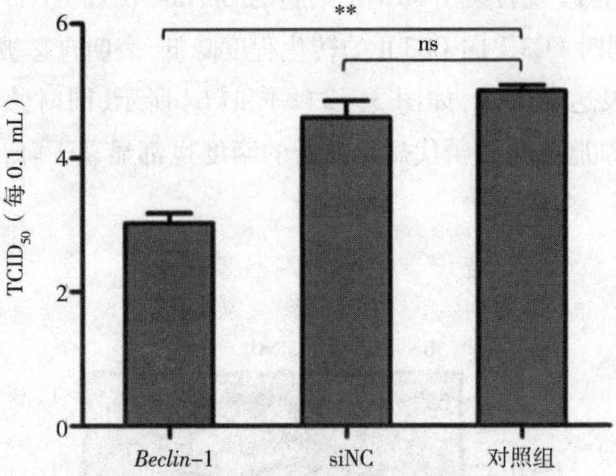

（c）

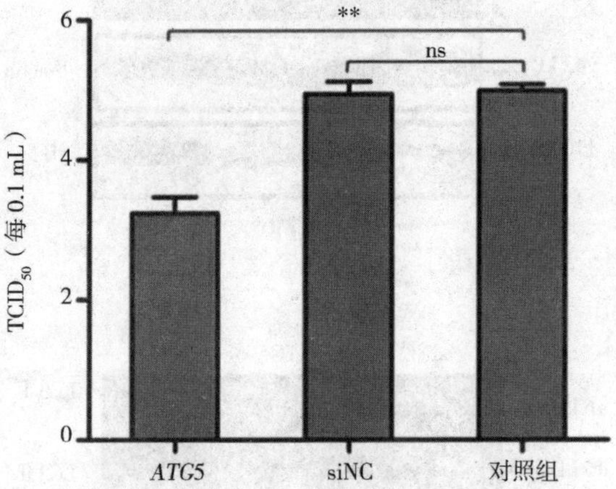

（d）

图 3-3 siRNA 转染细胞抑制的自噬抑制病毒复制

注：(a) Western blotting 分析靶向 *Beclin*-1 的 siRNA 转染的细胞 LC3 Ⅰ 的转化程度；

(b) Western blotting 分析靶向 *ATG5* 的 siRNA 转染的细胞 LC3 Ⅰ 的转化程度；

(c) 靶向 *Beclin*-1 的 siRNA 转染细胞的子代病毒粒子的滴度；

(d) 靶向 *ATG5* 的 siRNA 转染细胞的子代病毒粒子的滴度。

3.3.3 诱导自噬促进 DEV 复制

为了进一步探讨自噬和 DEV 复制的关系，笔者使用抑制细胞 mTOR 活性的 RAPA 处理细胞诱导自噬。结果发现，相对于未处理的细胞，RAPA 处理的细胞 LC3 Ⅰ 向 LC3 Ⅱ 的转化程度显著提高了，病毒糖蛋白 gB 的表达量显著提高，如图 3－4(a)和(b)所示，同时感染病毒 48 h 后，使用诱导剂处理的细胞收集的子代病毒粒子的滴度也都显著提高了，如图 3－4(c)和(d)所示。这个结果表明诱导自噬促进了 DEV 的复制。

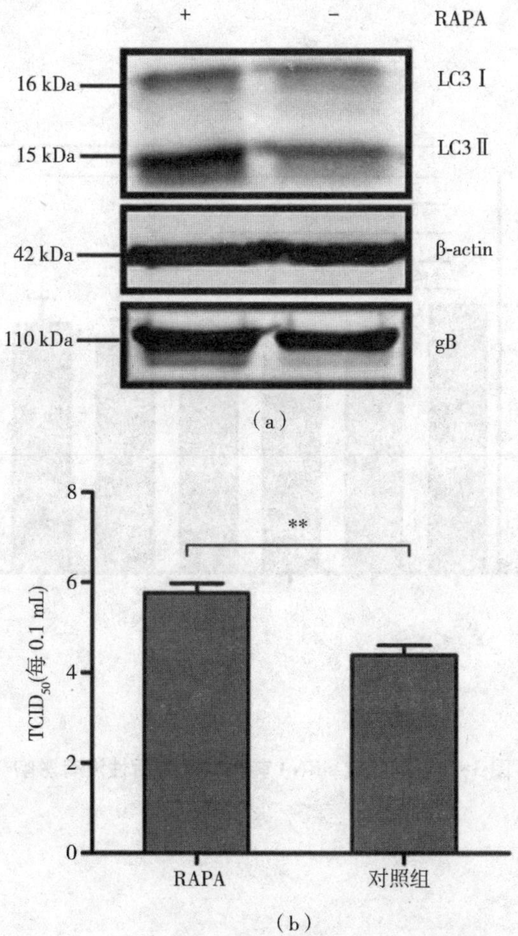

图 3－4　RAPA 诱导的细胞自噬促进病毒复制

注：(a) Western blotting 检测 RAPA 处理的细胞 LC3 Ⅰ 的转化程度；

(b) RAPA 处理细胞的子代病毒粒子的滴度。

3.3.4 细胞活性不受影响

考虑到药物或 siRNA 转染处理可能对细胞活性产生影响,从而干扰实验结果的准确性,所以利用 WST－1 细胞增殖及细胞毒性检测试剂盒检测运用到本实验研究中的药物或 siRNA 转染对细胞活性的影响。结果表明,和空白对照组相比,经过药物或 siRNA 转染处理的细胞活性并没有受到影响,如图 3－5 所示。

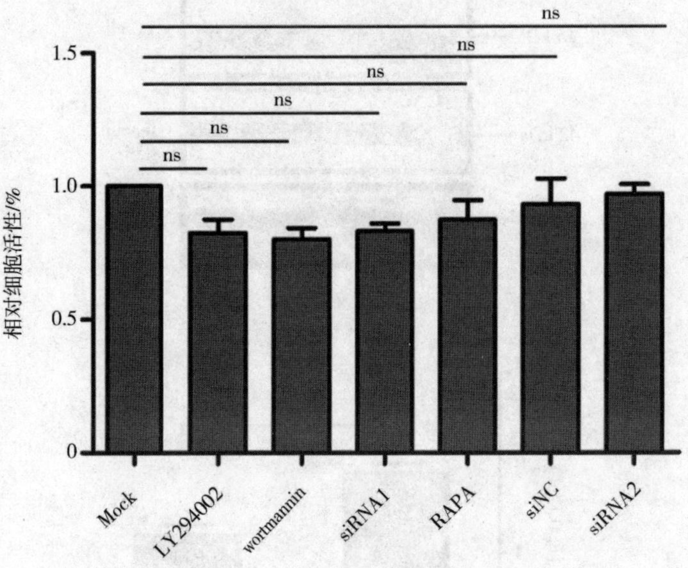

图 3－5 药物或 siRNA 转染对细胞活性没有影响

3.4 讨论

探究 DEV 诱导的自噬是由于进入到细胞中的病毒粒子引起的还是病毒的复制产物引起的,结果发现灭活的 DEV 毒株并不能和标准 DEV 毒株一样引起细胞自噬的发生,因此可以说明自噬的发生依赖于病毒的复制,那么还需要进一步探讨细胞自噬是否影响病毒的复制。

自噬是维持胞内稳态的一个重要角色，并通常可作为防御外界病原微生物入侵比如病毒感染的一种机制，宿主细胞想要利用自噬来清除病毒，但有些病毒常进化出一系列逃逸机制，甚至利用自噬促进自身的复制或存活的机制，例如 HCV、PRRSV 等 RNA 病毒，以及 VZV 和 EBV 等 DNA 病毒。

为了探究细胞自噬对 DEV 复制的影响，笔者首先用自噬早期抑制剂 LY294002 和 wortmannin 处理细胞，发现它们均能抑制病毒糖 gB 蛋白的表达量以及子代病毒粒子的滴度，同样沉默自噬关键基因 *Beclin* - 1 和 *ATG5*，得到与药物实验一致的结果。其次，用自噬诱导剂 RAPA 处理感染病毒的细胞则呈现相反的效果，病毒糖蛋白的表达水平提高，子代病毒粒子的滴度显著升高，这些结果表明细胞自噬利于病毒复制，并可能是辅助病毒增殖的重要手段。

为了证明自噬促进了 VZV 复制的作用，Buckingham 等人使用不同的策略调整了自噬并分析了感染力和病毒蛋白表达量等病毒参数。在随后的实验中，他们在感染 VZV 的免疫缺陷小鼠中发现，用 3 - MA 和靶向 *ATG5* 的 siRNA 转染 MeWO 细胞降低了 VZV 囊膜糖蛋白的合成和病毒感染，诱导自噬增加了病毒的增殖和囊膜糖蛋白的合成。他们还认为 VZV 感染的细胞中破坏了宿主的天然免疫的抗病毒机制，另外，VZV 感染诱导 STAT3 的激活，促进了病毒的存活和复制，而抑制这个路径则损伤了 VZV 的复制。他们的进一步研究发现，纯化的囊膜糖蛋白 gE 和 LC3 以及循环利用的内涵体标志分子 RAB 存在共定位。他们通过免疫电镜发现两个蛋白和 VZV 纯化粒子相关。包含病毒的囊泡没有展现自噬体的特征，因为其仅仅是单层膜。这些囊泡可能只是自噬内涵体包含的一个或几个病毒粒子。研究者提出这些自噬内涵体能将病毒从细胞释放到胞吐囊泡。另外 EB 病毒也证明了自噬体膜贡献了病毒的二层囊膜，从而促进了病毒的复制。那么 DEF 细胞自噬是如何促进 DEV 病毒复制的，和逃逸宿主的天然免疫有关吗？自噬促进了病毒复制的哪个阶段？是否与 VZV 及 EBV 一样，自噬促进了 DEV 病毒粒子的包装阶段？这些都是还未解决但亟须回答的问题。

第 4 章　能量代谢损伤通过 AMPK – TSC2 – mTOR 信号通路介导 DEV 诱导的自噬

4.1 材料

4.1.1 毒株、细胞和质粒

DEV CSC 标准强毒株；11～12 日龄 SPF 鸭胚；DEF 细胞按常规方法制备；GFP－LC3 质粒。

4.1.2 主要试剂与仪器

WST－1 细胞增殖及细胞毒性检测试剂盒、ATP 检测试剂盒、RIPA 细胞裂解液、PMSF；磷酸酶抑制剂；蛋白酶抑制剂 Cocktail；鼠抗 DEV gB 单克隆抗体；鼠抗 β－actin 单克隆抗体、兔抗 LC3 多克隆抗体、兔抗 mTOR 多克隆抗体、兔抗 p－mTOR（Ser2448）多克隆抗体、兔抗 TSC2 多克隆抗体、兔抗 p－TSC2（Thr1462）多克隆抗体；鼠抗 AMPK 单克隆抗体、兔抗 p－AMPK（Thr172）多克隆抗体；IRDye 800 CW 山羊抗鼠 IgG（H＋L）和山羊抗兔 IgG（H＋L）；X－treme GENE siRNA 转染试剂；benzonase 核酸酶；丙酮酸甲酯（methyl pyruvate，MP）、化合物 C；siRNA。

小型离心机、恒温冷冻离心机；细胞培养箱、生物安全柜；激光共聚焦扫描系统、倒置荧光显微镜；SDS－PAGE 垂直电泳槽及半干转膜仪；近红外荧光成像系统；酶标仪；TD－20/20 Luminometer 聚焦式多功能荧光分析仪。

4.2 方法

4.2.1 病毒感染和药物处理

（1）将 DEF 细胞培养于 6 孔细胞培养板中，用含 5% FBS 的 DMEM 培养基在 5% CO_2 37 ℃恒温培养箱中培养。当单层细胞长至孔底贴壁融合率达 70% 时，弃掉培养基，用 PBS 漂洗两次，加入 1 mL DMEM 培养基稀释的药物稀释液（20 $mmol \cdot L^{-1}$ MP 和 10 $\mu mol \cdot L^{-1}$ 化合物 C），再分别补齐 1 mL DMEM，使 MP 和化合物 C 的终浓度分别为 10 $mmol \cdot L^{-1}$ 和 5 $\mu mol \cdot L^{-1}$，进行 1～2 h 的预

处理。

(2)药物处理后弃掉培养基,PBS 漂洗两次,然后按照 MOI = 1 的剂量感染 DEV 毒株,恒温 37 ℃吸附 2 h,未感染的细胞作为对照组。

(3)去掉 DMEM,PBS 漂洗三次,加入药物到培养基中,在 5% CO_2 37 ℃恒温培养箱中继续培养至特定时间。

4.2.2 siRNA 转染

合成靶向鸭源内源性基因 *AMPK* 和 *TSC* 的 siRNA。引物序列如下:AMPK - siRNA:GCAGGUCCAGAAGUAGAUATT(正),UAUCUACUUCUGGACCUGCTT(反)。TSC2 - siRNA:GCUGCUAUCUGGAAGACUATT(正),UAGUCUUCCAGAUAGCAGCTT(反)。参照说明书,将合成的粉末状的 siRNA 用 DEPC 水稀释至 20 μmol · L^{-1}。按照 3.2.2 描述的方法将终浓度为 100 nmol · L^{-1} 的 siRNA 和 siNC 分别转染到孔底贴壁融合率 60% 的培养于 6 孔细胞培养板的 DEF 细胞中,转染 24 h 后,按照 2.2.2 描述的方法接种 DEV 毒株,不接毒作为对照组,继续培养至 48 h,收取样品。

4.2.3 SDS - PAGE & Western blotting

药物或 siRNA 转染处理的培养在 6 孔细胞培养板的 DEF 细胞,感染病毒特定时间后,弃掉培养基,用预冷的 PBS 漂洗两次,每孔加入 100 μL RIPA 细胞裂解液(含有 PMSF + 核酸酶 + 磷酸酶抑制剂 + 蛋白酶抑制剂),将细胞刮下,收集细胞裂解物于 1.5 mL 离心管中,冰上孵育充分裂解 30 min 后,12 000 *g*,4 ℃离心 5 min 去除细胞碎片,吸取上清液于新的离心管中,加入 5 × Loading Buffer 混匀,沸水煮样 10 min,离心取上清液,-20 ℃储存备用。剩余步骤按照 2.2.4 描述的方法操作。其中一抗包括鼠抗 β - actin 单克隆抗体、兔抗 LC3 多克隆抗体、兔抗 mTOR 多克隆抗体、兔抗 p - mTOR 多克隆抗体、兔抗 TSC2 多克隆抗体、兔抗 p - TSC2 多克隆抗体、鼠抗 AMPK 单克隆抗体、兔抗 p - AMPK 多克隆抗体和鼠抗 DEV gB 单克隆抗体。

4.2.4 激光共聚焦观察

按照 2.2.3 的方法转染 GFP - LC3 质粒于培养在共聚焦皿中的 DEF 细胞

24 h，DEV 感染或药物处理按照 4.2.1 描述的方法操作；siRNA 转染按照 4.2.2 描述的方法操作，作用 36 h 后弃掉培养基，用 PBS 漂洗两次，加入 100 μL DAPI 染细胞核，室温避光孵育 10 ~ 15 min，PBS 漂洗三次后用激光共聚焦扫描系统观察，记录 GFP – LC3 在胞浆中的点状聚集情况。

4.2.5　病毒滴度

测定药物或 siRNA 转染后细胞中子代病毒滴度参考 3.2.4 描述的步骤操作。

4.2.6　ATP 测定实验

使用 ATP 检测试剂盒进行检测，按照说明书操作，具体方法和步骤如下：

（1）样品测定

注意：样品裂解需在 4 ℃或冰上操作。DEV 感染或药物处理培养在 6 孔细胞培养板中的 DEF 细胞，特定时间后，弃掉培养基，每孔加入 200 μL 裂解液，并晃动培养板或使用微量移液器进行反复吹打以使细胞裂解充分。一旦细胞接触裂解液后会立即开始裂解。待裂解完全后，将裂解物收集到 1.5 mL 离心管中，4 ℃，12 000 *g* 离心 10 min，取上清液裂解物，用于后续的测定。

（2）标准曲线测定

将试剂盒中待用试剂放在冰上孵育溶解，用 ATP 检测裂解液将标准溶液稀释成适当的浓度梯度。初次检测可以从 0.1 $\mu mol \cdot L^{-1}$、1 $\mu mol \cdot L^{-1}$ 和 10 $\mu mol \cdot L^{-1}$ 这几个浓度开始，在后续的实验中则根据待测样品中 ATP 含量对标准品的浓度和梯度进行适当调节。

（3）检测工作液的配制

按照每个标准品或样品均需加入 100 μL ATP 检测工作液的量，计算配制合适量的 ATP 检测工作液。将待用试剂放在冰上孵育溶解。取适当量的 ATP 检测试剂，按照 1∶100 的比例进行稀释。稀释好的 ATP 检测工作液可在冰上孵育暂时保存。

（4）ATP 浓度的测定

①加 100 μL ATP 检测工作液到 96 孔专用检测板中。室温静止放置 3 ~ 5 min，以使本底 ATP 全部被消耗掉，以此降低本底。

②加入 10 ~ 100 μL 样品或标准品于检测孔内，迅速用微量移液器混匀孔内液体，至少间隔 2 s 后，立即用聚焦式多功能荧光分析仪测定相对光单位(relative light unit, RLU)值或 CPM。

③记录并比较各个样品的 RLU 值。

4.2.7 细胞活性分析

测定药物或 siRNA 转染处理对细胞活性的影响，参考 3.2.5 描述的步骤操作。

4.2.8 统计分析

使用 GraPhpad Prism 5.0 软件进行数据统计分析。Tukey's test 用于各组数据差异分析，$p<0.05$（*）表示差异显著，$p<0.01$（**）表示差异极显著。

4.3 结果

4.3.1 DEV 感染诱导 DEF 细胞的能量损伤

细胞内 ATP 水平是细胞能量代谢的重要指标，笔者使用 ATP 检测试剂盒检测 MOI = 0.1 ~ 10 剂量感染 DEV 后 DEF 细胞内 ATP 的水平。结果显示感染 DEV 48 ~ 72 h，DEF 细胞内 ATP 水平呈剂量和时间依赖性下降，ATP 水平通过 RLU 值表示，如图 4 - 1(a)和(b)所示。

运用透射电镜技术观察病毒感染是否引起了细胞线粒体的形态变化，结果发现，DEV 感染细胞 48 h 后，线粒体呈现肿胀状态，并且其基质的电子密度明显降低，相反未感染的空白细胞表现出正常线粒体基质电子密度，这种线粒体形态的改变暗示了细胞内能量应激的发生，如图 4 - 1(c)所示。以上结果表明，DEV 感染诱导了细胞中的能量损伤。

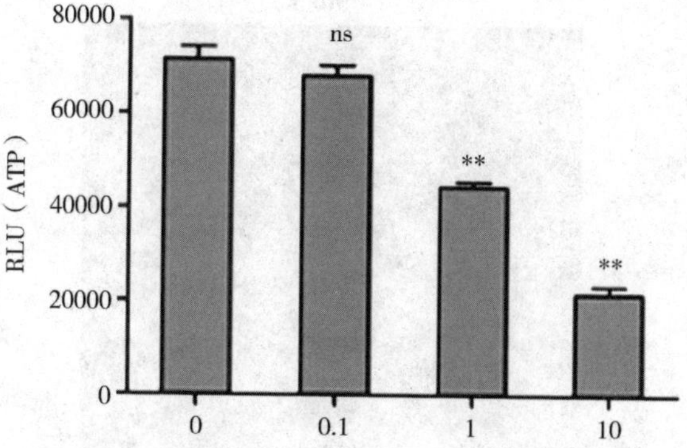
80000
60000
40000
20000
0
RLU（ATP）
ns
**
**
0
0.1
1
10
MOI

（a）

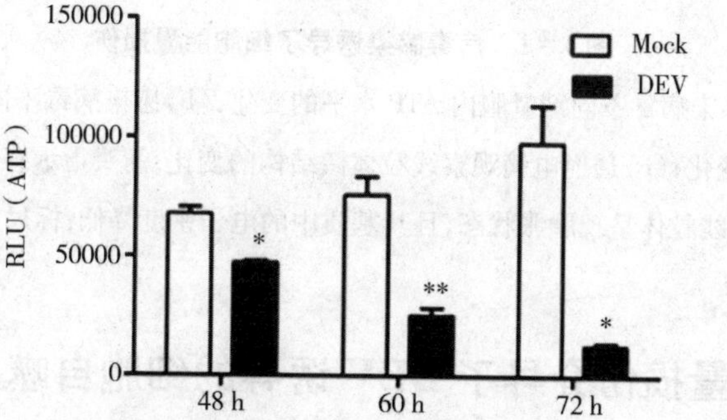
150000
100000
50000
0
RLU（ATP）
Mock
DEV
*
**
*
48 h
60 h
72 h

（b）

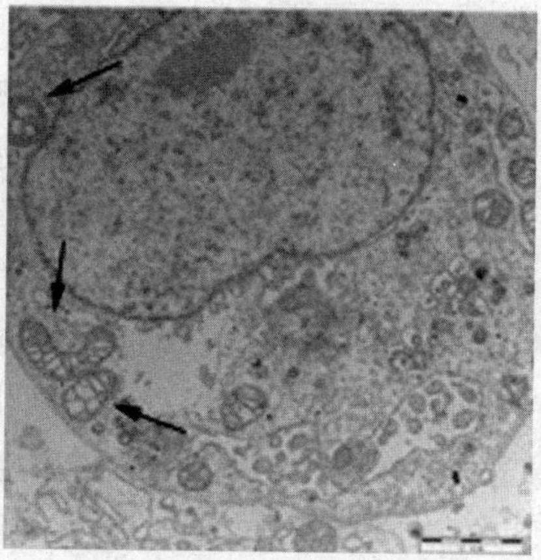
DEV

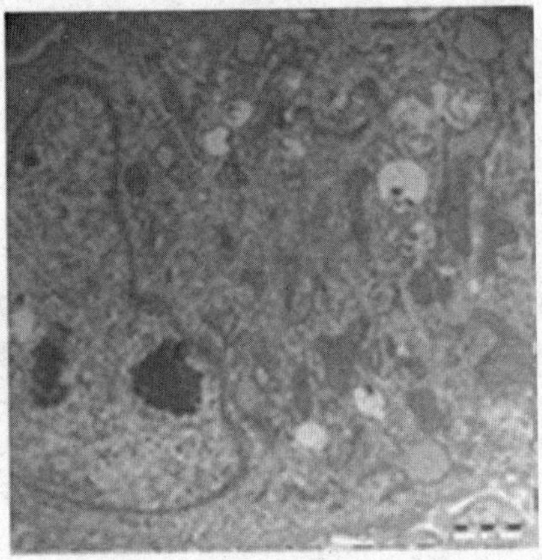

(c)

图 4-1 病毒感染诱导了细胞能量损伤

注：(a)感染病毒不同剂量胞内 ATP 水平的变化；(b)感染病毒不同时间点的 ATP 的变化；(c)透射电镜观察线粒体微结构的变化；箭头指示感染 DEV 的细胞中线粒体呈现肿胀状态，且其基质中的电子密度降低；标尺为 1 μm。

4.3.2 能量损伤介导了 DEV 诱导的细胞自噬

为了探究能量代谢是否参与了 DEV 感染过程中诱导的自噬调节过程，笔者通过修复细胞中的 ATP 的损伤来检测对细胞自噬的影响。MP 是丙酮酸的一种细胞渗透形式，能被三羧酸循环氧化产生 NADH，以用于电子运输和 ATP 的产生。DEV 感染的细胞用 10 mmol · L^{-1} MP 处理后，检测细胞内 ATP 水平的变化。结果显示，MP 修复了 DEV 感染诱导的细胞内 ATP 水平的降低，如图 4-2(a)所示。用 Western blotting 分析获得的 LC3 Ⅱ/LC3 Ⅰ 值来评估自噬水平的变化。相比于空白未感染的细胞，DEV 感染的细胞 LC3 Ⅰ 向 LC3 Ⅱ 的转化程度显著增加，表明 DEV 感染触发了自噬的发生。同时在 MP 处理的 DEV 感染的细胞中，相对于未处理的感染细胞，LC3 Ⅰ 向 LC3 Ⅱ 的转化程度显著降低，如图 4-2(b)所示。通过激光共聚焦显微镜观察，在自噬发生时，LC3 Ⅱ 在细胞质中呈点状分布，GFP-LC3 的点状聚集反映了自噬活性。当用 MP 处理 DEV 感染的细胞时，GFP-LC3 点状分布显著降低了，表明自噬被抑制了，如图 4-2(c)

所示。进一步表明，通过对胞内 ATP 的修复（缓解的能量应激）可以降低 DEV 诱导的自噬水平。

相比于未用 MP 处理的 DEV 感染细胞，MP 处理的 DEV 感染的细胞中 DEV gB蛋白的表达量减少，如图 4－2(b)所示。与这个结果一致的是，MP 处理的细胞子代病毒滴度也显著下降[图 4－2(d)]。这些结果表明，MP 修复了能量损伤并抑制了 DEV 诱导的自噬和病毒复制。以上研究确认了 DEV 感染触发的能量损伤介导了细胞自噬现象的发生。

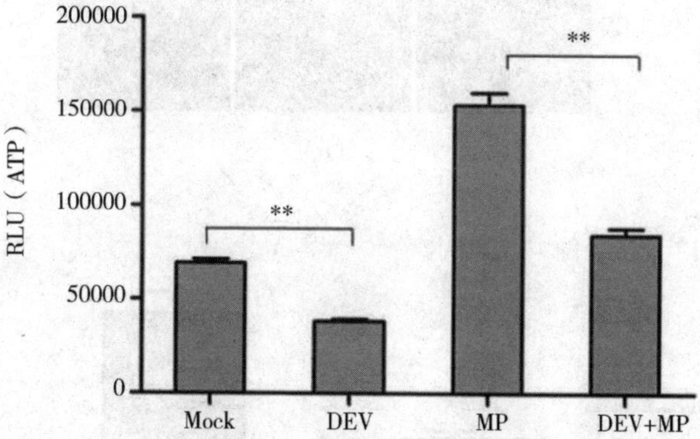

(a)

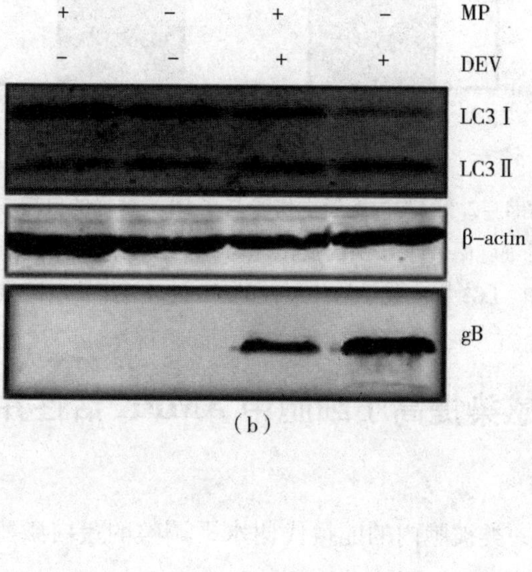

(b)

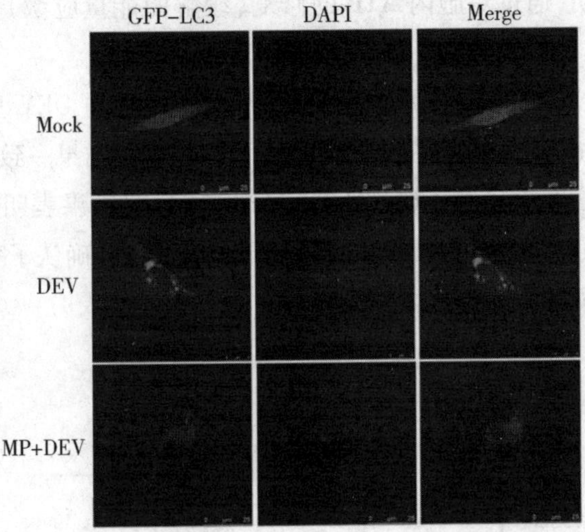

(c)

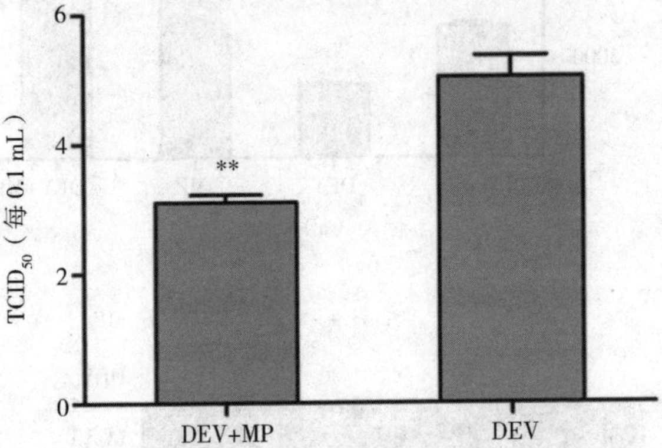

(d)

图 4-2　细胞内能量损伤参与了 DEV 诱导的自噬

注:(a)MP 处理后细胞中 ATP 水平的变化;(b)MP 处理后细胞中 LC3 的转化程度;(c)MP 处理后 GFP-LC3 在胞浆中的分布;(d)MP 处理后子代病毒粒子的滴度变化。

4.3.3　DEV 感染提高了细胞中 AMPK 活性并降低了 mTOR 活性

AMPK 不仅是一类被胞内的能量代谢水平调整的蛋白激酶,并且是自噬通路的关键调控者。当细胞缺少能量，即 AMP/ATP 的比值增加时，AMPK 能感受到胞内 AMP 水平的变化，则会被激活。AMPK 也是 mTOR 信号通路的一个重要的负向调控者。那么，DEV 诱导的自噬是否被 AMPK 相关的信号通路调控？笔者发现，DEV 感染细胞 48 h、60 h 和 72 h 后，AMPK 的磷酸化水平显著提高了，即增加 AMPK 的活性，如图 4 – 3(a)和(c)所示。同时 DEV 感染也降低了 p – mTOR 的表达量，即抑制了 mTOR 的活性，如图 4 – 3(b)和(d)所示。因此，DEV 感染提高了细胞中 AMPK 活性并降低了 mTOR 活性。

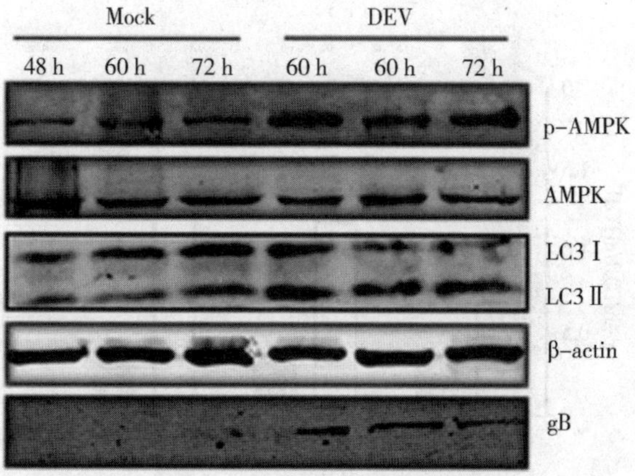

(a)

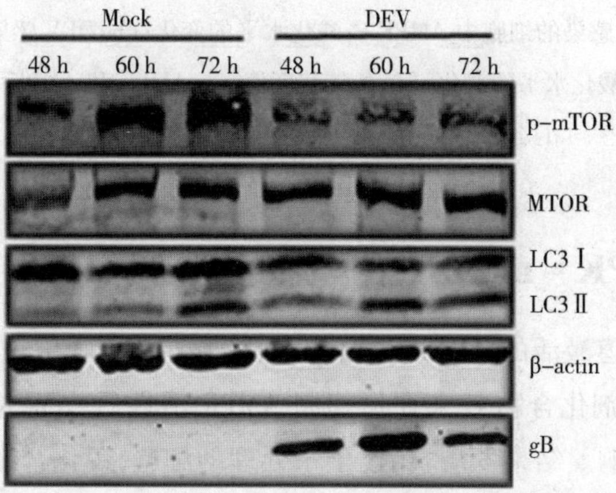

(b)

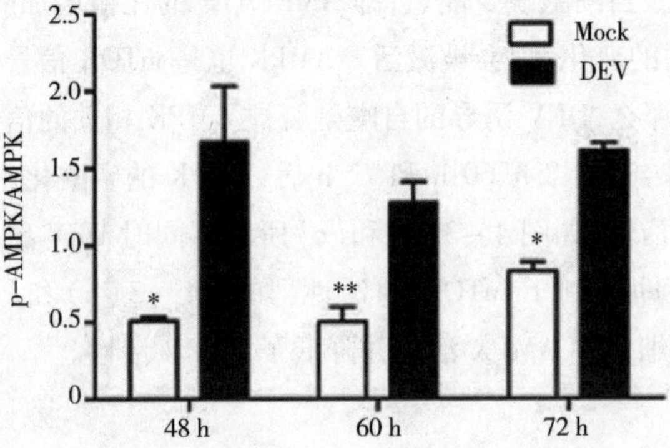

（c）

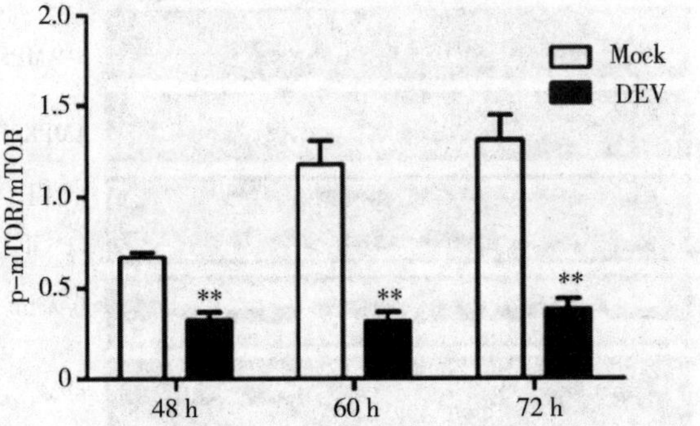

（d）

图4－3　DEV感染提高了细胞中AMPK活性并降低了mTOR活性

注:(a)DEV感染的细胞中AMPK磷酸化水平的变化;(b)DEV感染的细胞中mTOR磷酸化水平的变化;(c)条带灰度值:p－AMPK和AMPK的比值;(d)条带灰度值:p－mTOR和mTOR的比值。

4.3.4　AMPK－mTOR信号通路调控了DEV诱导的自噬

我们想要知道激活的AMPK蛋白在DEV诱导的自噬中扮演怎样的角色,使用AMPK抑制剂化合物C来评估抑制AMPK活性后,AMPK对细胞自噬及mTOR活性的影响。结果发现,相比于未处理的细胞,用化合物C处理的感染DEV的细胞中AMPK表达量下降,并修复了mTOR活性的抑制;同时降低了LC3Ⅰ向LC3Ⅱ的转化程度,以及GFP－LC3的点状聚集分布,如图4－4(a)所示。另外,病毒 gB 蛋白的表达量显著降低了,并且降低了子代病毒粒子滴度,如图 4－4 (c)所示。这些结果表明 AMPK 表达量的抑制修复了 DEV 感染对 mTOR 活性的抑制,从而降低了细胞的自噬水平以及病毒的复制,如图 4－4 所示。

为了排除化学药物化合物 C 对细胞的非特异性影响,转染靶向 *AMPK* 基因的 siRNA 到 DEV 感染的细胞中,相比于 siNC 处理的细胞,笔者发现 AMPK 的表达量显著下降,对应修复了 mTOR 的活性,同时降低了 LC3Ⅰ向 LC3Ⅱ的转化程度,并且 gB 蛋白的表达量降低了,如图 4－4(d)所示,另外,子代病毒粒子的滴度也下降了,如图 4－4(e)所示。这些结果表明 AMPK 通过抑制 mTOR 的活性调控了 DEV 诱导的自噬。

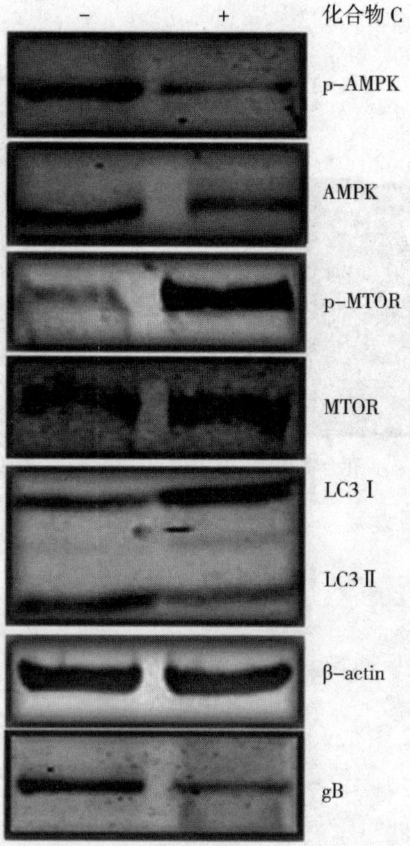

(a)

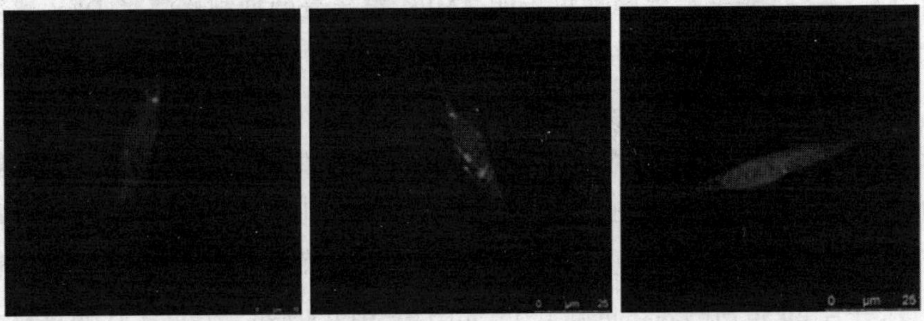

（b）

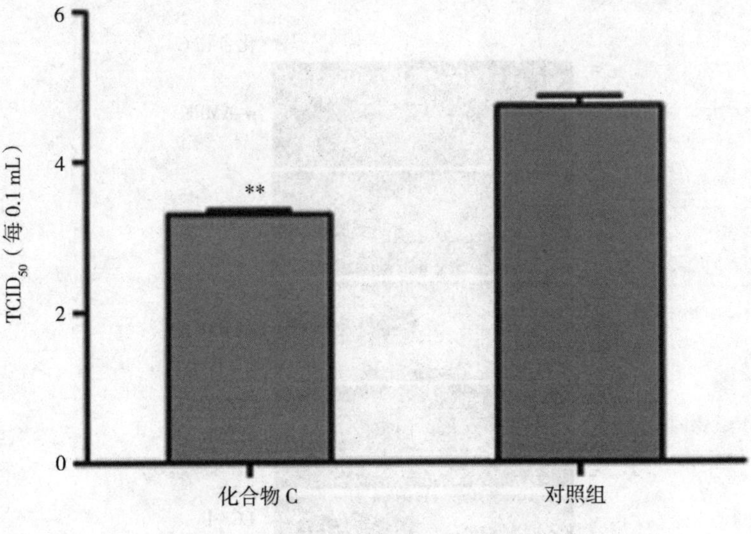

（c）

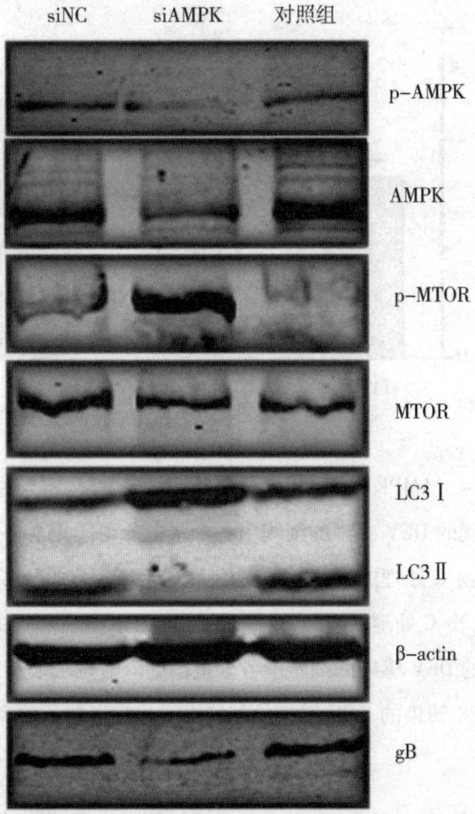

（d）

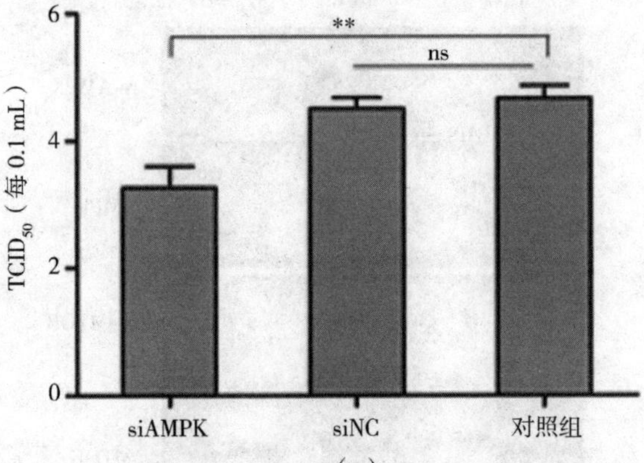

(e)

图 4-4 AMPK-mTOR 信号通路调控了 DEV 诱导的自噬

注：(a)化合物 C 处理的 DEV 感染的细胞中各个蛋白的磷酸化水平及自噬水平的变化；
(b)化合物 C 处理的 DEV 感染的细胞中 GFP-LC3 分布的变化；
(c)化合物 C 处理的 DEV 感染的细胞中子代病毒粒子的滴度；
(d)siAMPK 转染的 DEV 感染的细胞中各个蛋白的磷酸化水平及自噬水平的变化；
(e)siAMPK 转染的 DEV 感染的细胞中子代病毒粒子的滴度变化。

4.3.5 TSC2 参与 AMPK-mTOR 信号通路调控了 DEV 诱导的自噬

有报道称 TSC2 是细胞内能量水平的重要调控者，AMPK 是细胞能量的一个感受器，并正调控 TSC2，而 mTOR 是靶向 TSC2 调控细胞应答的下游因子。为了探究 TSC2 在 DEV 感染细胞中是否是 AMPK-mTOR 信号通路的一个必要的调控者，笔者将靶向 *TSC2* 的 siRNA 转染于 DEV 感染的 DEF 细胞中，证明沉默 TSC2 可以修复 mTOR 的抑制，并下调 LC3Ⅱ的表达量，表明 TSC2 通过 mTOR 信号通路调控了自噬，而转染靶向 *TSC2* 的 siRNA 对 AMPK 的活性并没有影响，如图 4-5(a)所示。基于以上结果，可以推测在 DEV 诱导自噬的通路中 AMPK 可能是 TSC2 的上游调控因子，为了验证这种假设，转染了靶向 *AMPK* 的 siRNA，发现抑制了 AMPK 的同时也抑制了 TSC2 的活性，如图 4-5(b)所示，表明 AMPK 是 TSC2 的上游调控因子。另外，子代病毒粒子的滴度也显著降低，如图

4 -5(c)所示。这些结果表明 TSC2 是 AMPK - mTOR 信号通路的一个中间调控者,并且正调控 DEV 诱导的自噬。

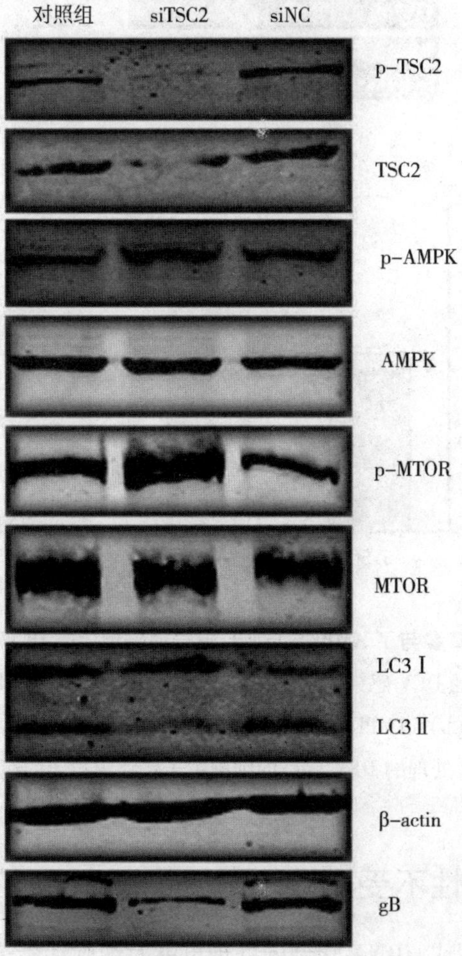

(a)

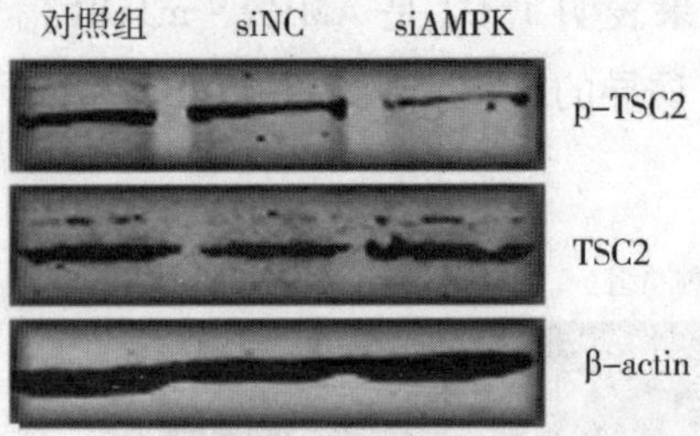

(b)

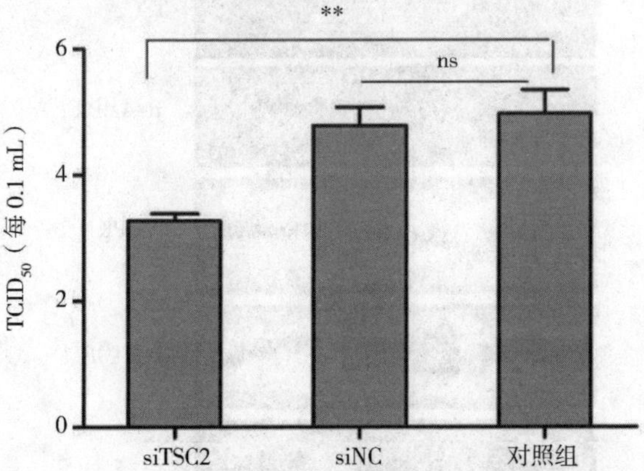

(c)

图 4 - 5　TSC2 参与了 AMPK - mTOR 信号通路调控的 DEV 诱导的自噬

注:(a)siTSC2 转染的 DEV 感染的细胞中各个蛋白的磷酸化水平及自噬水平的变化;
(b)siAMPK 转染的细胞中 TSC2 活性的变化;
(c)siTSC2 处理的 DEV 感染的细胞中子代病毒粒子的滴度变化。

4.3.6　细胞活性不受影响

考虑到药物处理或 siRNA 转染的处理可能对细胞活性造成影响,从而影响实验结果的准确性,笔者利用 WST - 1 细胞增殖及细胞毒性检测试剂盒检测运用到这个研究中的各种成分对细胞活性的影响。结果表明,和对照组相比,经过药物或 siRNA 转染处理的细胞活性并没有受到影响,如图 4 - 6 所示。

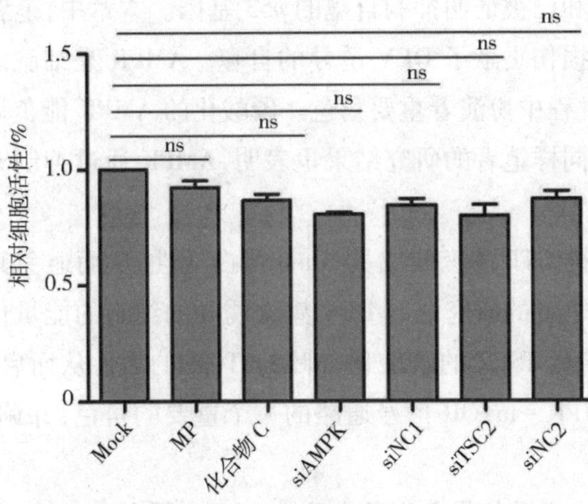

图 4 - 6　药物或 siRNA 转染对细胞活性没有影响

4.4　讨论

我们之前的研究发现 DEV 感染诱导自噬并利于自身复制，然而还不知道 DEV 是通过什么机制或途径来激活自噬的，本章通过多种方法证明能量代谢损伤通过 AMPK - TSC2 - mTOR 信号通路调控了 DEV 诱导的自噬。

许多病毒感染通过诱导细胞应答创造了一个敌对环境，抑制自身的复制并降低致病性，因此一些病毒发展了降低宿主应答以确保可以成功复制的策略。能量代谢对于细胞生存不仅是必需的，而且和许多病毒的复制有关。在宿主和病毒的相互关系中，通常会有 ATP 产物水平的变化，我们发现 DEV 感染降低了细胞中 ATP 水平并引起了线粒体超微结构的变化。

AMPK 是一个丝/苏氨酸蛋白激酶，在细胞应激过程中作为能量的标尺而维持细胞内能量平衡。AMPK 对于细胞内 AMP 和 ATP 的比例十分敏感，这个代谢应激通过抑制 mTOR 信号途径激活自噬。在笔者的研究中，DEV 感染诱导的 ATP 损伤参与了自噬调控，并激活了 AMPK 的磷酸化水平。

为了应答胞内或胞外的刺激，自噬的调控需要许多复杂的级联信号参与。和酵母系统相似，动物细胞中丝/苏氨酸激酶 mTOR 也是自噬相关信号通路的中心调控者，mTOR 的活性被许多上游调控者调节，比如 PI3K/Akt，AMPK 相关的下游调控分子和已被证明抑制自噬的 *p*53 基因。本章中,笔者发现 AMPK 涉及胞内能量代谢损伤贡献了 DEV 诱导的自噬。AMPK 是细胞能量代谢的重要调控者,在自噬过程中扮演着重要角色。磷酸化的 AMPK 能负调控 mTOR 复合物并启动自噬。同样笔者的研究结果也表明,AMPK 通过抑制 mTOR 活性调控 DEV 诱导的自噬。

TSC 通过干扰 GTP 酶家族成员 Rheb 蛋白活性,从而避免其激活 mTOR 蛋白而激活自噬。笔者的研究证明 DEV 感染诱导的细胞的能量代谢损伤激活了 AMPK 活性,并导致 TSC2 的磷酸化,抑制 mTOR 的活性从而启动自噬的发生。因此 TSC2 是 AMPK - mTOR 信号通路的一个重要的角色,并调控了 DEV 诱导的自噬。

AMPK 有两个上游信号分别是细胞内 ATP 水平和 Ca^{2+} 介导的钙/钙调蛋白依赖性蛋白激酶的激酶 β(calcium/calmodulin - dependent protein kinase kinase β,CaMKKβ)。有研究报道 CaMKKβ 和 Ca^{2+} 激活了上皮细胞、T 细胞和下丘脑神经细胞中的 AMPK 活性,表明钙离子代谢在 AMPK - mTOR 信号通路介导的自噬调控中扮演着重要角色。在轮状病毒感染的细胞中,CaMKKβ 被细胞内增加的 Ca^{2+} 刺激,从而激活了 AMPK 的活性,随后诱导了细胞自噬的发生。因此,关于细胞内 DEV 感染是否诱导了细胞内钙离子的变化而参与到 AMPK 调控的细胞自噬信号还有待进一步探究。

第 5 章　内质网应激下的未折叠蛋白质应答途径调控 DEV 诱导的自噬

5.1 材料

5.1.1 细胞、毒株和质粒

DEV CSC 标准强毒株;11 ~ 12 日龄无特定病原体 SPF 鸭胚;DEF 细胞按照常规方法制备;GFP - LC3 质粒。

5.1.2 主要试剂与仪器

DMEM、FBS 和胰酶;PBS、青链霉素、4% 多聚甲醛、0.1% Triton X - 100;反转录试剂盒 PrimeScript^{TM}1st Strand cDNA Synthesis Kit、Marker;限制性内切酶、预染蛋白 Marker;RNA 提取试剂 TRIzol Reagent;X - tremeGENE HP DNA 转染试剂;WST - 1 细胞增殖及细胞毒性检测试剂盒、RIPA 细胞裂解液、蛋白酶抑制剂 PMSF、DAPI;毒胡萝卜素(Thapsigargin,Tg);抗 DEV gB 蛋白的单克隆抗体;鼠抗 β - actin 单克隆抗体、兔抗 LC3 多克隆抗体、兔抗 GRP78 多克隆抗体、兔抗 ATF6 多克隆抗体、兔抗 ATF4 多克隆抗体、兔抗 eIF2α 多克隆抗体、兔抗 p - eIF2α(ser51)多克隆抗体、兔抗 IRE1 多克隆抗体、兔抗 p - IRE1(ser711)多克隆抗体;兔抗 PERK 多克隆抗体、兔抗 p - PERK(thr980)多克隆抗体;IRDye 800 CW 山羊抗鼠 IgG(H + L)和山羊抗兔 IgG(H + L);siRNA。

PCR 仪、小型离心机、恒温冷冻离心机;细胞培养箱、生物安全柜;激光共聚焦扫描系统、倒置荧光显微镜;SDS - PAGE 垂直电泳槽及半干转膜仪;近红外荧光成像系统;酶标仪。

5.2 方法

5.2.1 病毒感染和药物处理

将 DEF 细胞培养于 6 孔细胞培养板中,用含 5% FBS 的 DMEM 培养基在 5% CO_2的 37 ℃恒温培养箱中培养。当单层细胞长至孔底贴壁融合率达 70% 时,弃掉培养基,用 PBS 漂洗两次,加入 1 mL DMEM 稀释的药物稀释液

(600 nmol · L^{-1} Tg),再分别补齐 1 mL DMEM,使 Tg 终浓度为 300 nmol · L^{-1},进行 1 ~ 2 h 的预处理。药物处理后弃掉培养基,PBS 漂洗两次,然后按照 MOI = 1 的剂量感染 DEV 毒株,恒温 37 ℃吸附 2 h 后,未感染的细胞作为对照组。去掉 DMEM,PBS 漂洗三次,加入药物到培养基中,5% CO_2的37 ℃恒温培养箱继续培养至特定时间。同时加入相同体积的药物溶解液DMSO或 ddH_2O 作为阴性对照组。

5.2.2 siRNA 转染

合成靶向鸭源内源性基因 *PERK* 和 *IRE*1 的 siRNA。引物序列如下:PERK - siRNA:AAGAGGACCTTGTGGAAGCTG(正),AAGGTCTCTAGTAATTAT-CAG(反)。IRE1 - siRNA:AAGACCGGCAGTTTCAGTACA(正),AAGCAG-GATATTTGGTACGTG(反)。参照说明书,将合成的粉末状的 siRNA 用 DEPC 水稀释至 20 μmol · L^{-1}。按照 3.2.2 描述的转染方法将终浓度为 100 nmol · L^{-1} 的siRNA和 siNC 转染到孔底贴壁融合率 60% 的培养于 6 孔细胞培养板的 DEF 细胞中,转染 24 h 后,按照 2.2.2 描述的方法接种 DEV,继续培养至 36 h,不接毒作为对照组。

5.2.3 SDS - PAGE & Western blotting

收集 siRNA 转染处理的且培养在 6 孔细胞培养板 36 h 感染 DEV 的 DEF 细胞,然后按照 2.2.4 的方法进行 Western blotting 分析。其中一抗包括鼠抗 β - actin 单克隆抗体、兔抗 LC3 多克隆抗体、兔抗 PERK 多克隆抗体、兔抗 p - PERK 多克隆抗体、兔抗 eIF2α 多克隆抗体、兔抗 p - eIF2α 多克隆抗体、兔抗 IER1 多克隆抗体、兔抗 p - IER1 多克隆抗体、兔抗 ATF6 多克隆抗体、兔抗 ATF4 多克隆抗体和抗 DEV gB 蛋白的单克隆抗体。

5.2.4 透射电子显微镜和免疫电镜

(1)透射电子显微镜

按照 2.2.2 的方法利用 MOI = 1 的 DEV 感染培养在 25 cm^2 细胞培养瓶中的 DEF 细胞,培养至 36 h。然后进行电镜观察,观察内质网微结构的变化,空白未感染病毒细胞作为对照组。

(2)免疫电镜

按照 2.2.2 的方法利用 MOI = 1 的 DEV 感染培养在 25 cm^2 细胞培养瓶中的 DEF 细胞,培养至 36 h。然后进行免疫电镜实验,空白未感染病毒细胞作为对照组。其中一抗为兔抗 GRP78 多克隆抗体。

5.2.5 酶切 *XBP*1

按照 2.2.1 的方法提取感染和未感染 DEV 的 DEF 细胞的总 RNA,反转录成 cDNA。根据据 GenBank 中公布的鸭 *XBP*1 基因序列设计特异性引物,引物序列见附表 1。以制备的 cDNA 为模板扩增 *XBP*1 基因,利用胶回收试剂盒对 PCR 产物进行回收纯化,然用 *Pst* Ⅰ 酶切,用 1% 琼脂糖凝胶电泳进行鉴定分析,GAPDH 基因作为内参基因。

5.2.6 病毒滴度

siRNA 转染后细胞中子代病毒滴度的测定参考 3.2.4 描述的步骤操作。

5.2.7 细胞活性分析

测定药物或 siRNA 转染后对细胞活性的影响参考 3.2.5 描述的步骤操作。

5.2.8 统计分析

使用 GraPhpad Prism 5.0 软件进行统计分析。Tukey's test 用于数据分析,$p < 0.01$ (**)表示差异极显著,$p < 0.05$(*)表示差异显著。

5.3 结果

5.3.1 DEV 感染触发了细胞的内质网应激

VZV 等病毒感染通过触发内质网应激诱导细胞自噬。我们想要检测 DEV 诱导的细胞自噬是否能被内质网应激相关信号通路调控。结果显示,相对于未感染病毒的对照组细胞,感染 DEV 36 h 后,电镜观察到细胞内质网的形态发生了明显扩增,如图 5－1(a)所示。这种反常的形态表明,病毒感染对细胞造成的应激可能改变了内质网的平衡。使用免疫电镜检测发现,感染内质网的细胞中内质网应激的标志性分子 GRP78 蛋白胶体金标颗粒与未感染细胞相比显著增多,如图 5-1(b)所示。同时笔者使用 Western blotting 的方法检测 GRP78 的表达水平,如图 5-1(c)所示,以进一步验证 DEV 诱导的内质网应激。相比于未感染的细胞,在 DEV 感染的细胞中,感染后 36 h、48 h 和 60 h,GRP78 蛋白的表达量均显著提高,如图 5-1(d)所示,以上结果表明 DEV 感染触发了细胞的内质网应激。

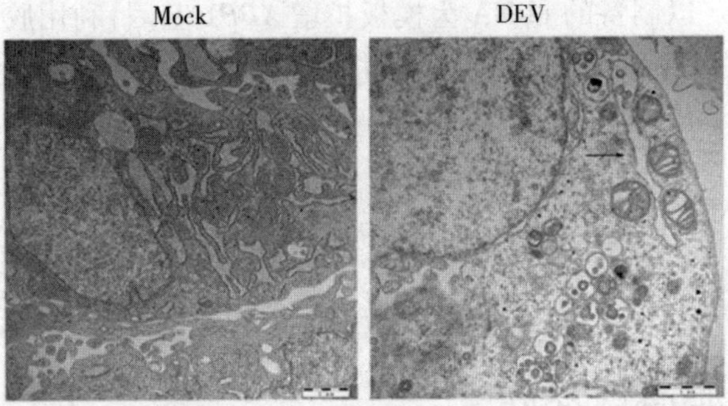

(a)

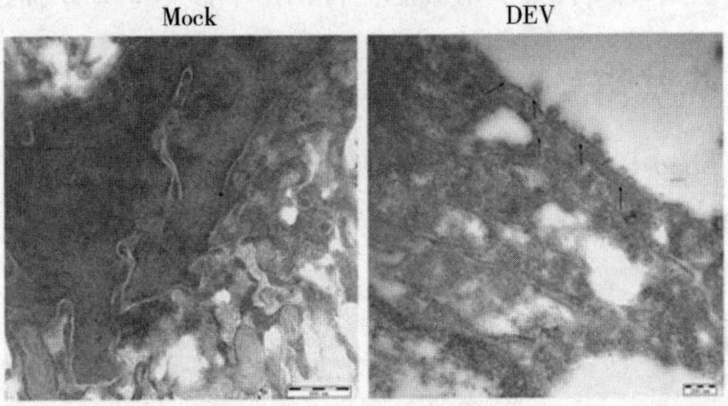

(b)

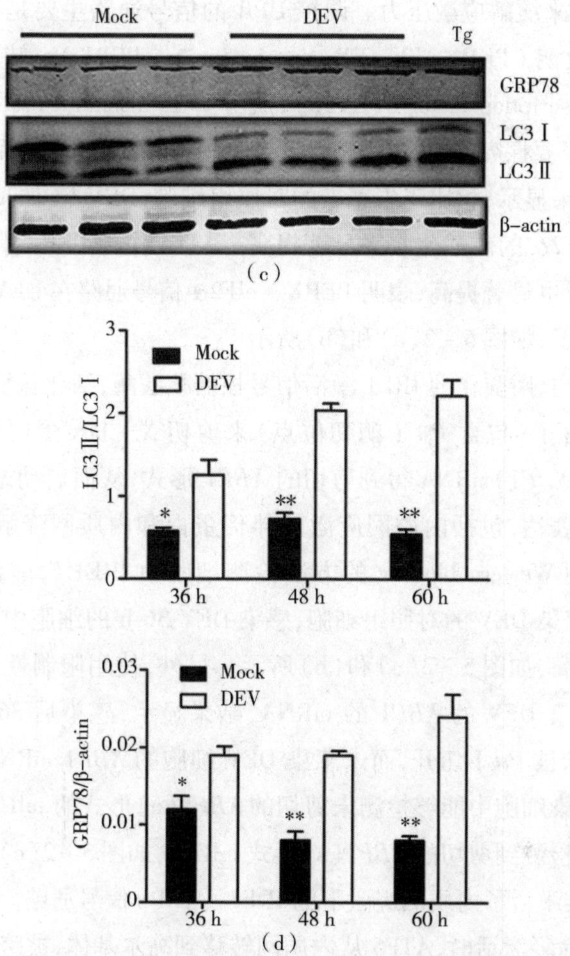

图 5-1　DEV 感染触发了细胞的内质网应激

注：(a)透射电子显微镜观察 DEV 感染后细胞中内质网微结构；(b)免疫电镜检测 DEV 感染后细胞中内质网应激标志性分子 GRP78 的表达；(c)感染 DEV 后细胞内质网应激标志性分子 GRP78 的表达量变化，Tg 处理的细胞作为内质网应激的阳性对照组；(d)条带灰度值：LC3 Ⅱ 和 LC3 Ⅰ 的比值；GRP78 和 β－actin 的比值。

5.3.2　DEV 感染激活了 PERK－eIF2α 和 IRE1－XBP1 途径

为了维持内质网平衡，细胞会启动未折叠蛋白质应答（unfolded protein

response,UPR)来缓解应激压力。调控 UPR 的信号通路主要是有三个:蛋白激酶样内质网激酶(PKR - like ER protein kinase,PERK),转录激活因子 6(activating transcription factor 6,ATF6),肌醇酶 1(inositol - requiring enzyme 1,IRE1)。笔者想要探究 DEV 感染激活了细胞中哪条信号通路而调控其诱导内质网应激。结果显示,相比于未感染的对照组细胞,DEV 感染 36 ~ 60 h 的细胞中 PERK 和 eIF2α 的磷酸化水平显著提高。ATF4 作为 PERK 和 eIF2α 的一个效应者,表达量也显著提高,表明 PERK - eIF2α 信号通路在 DEV 诱导的内质网应激下被激活了,如图 5 - 2(a)和(b)所示。

在细胞核内,磷酸化的 IRE1 激活信号核糖核酸酶,活化核糖核酸酶通过移除 26 nt 的内含子(包含 *Pst* Ⅰ 酶切位点)来剪切 X - box 蛋白基因 1(X - box protein gene 1,*XBP*1)mRNA 得到剪切的 *XBP*1 形式,从而启动未折叠蛋白质应答相关基因的表达,包括内质网应激的伴侣蛋白和内质网降解途径的相关蛋白。首先,运用 Western blotting 的方法检测细胞中 IRE1 磷酸化水平,结果发现,相比于未感染 DEV 的对照组细胞,感染 DEV 36 h 的细胞中的 IRE1 的磷酸化水平显著提高,如图 5 - 2(a)和(b)所示。另外,使用限制性内切酶 *Pst* Ⅰ 切割感染和未感染 DEV 的 *XBP*1 的 mRNA,结果显示,感染后 36 h 能够检测到 *XBP*1 mRNA 未被 *Pst* Ⅰ 切开,而未感染 DEV 细胞的 *XBP*1 mRNA 能够被 *Pst* Ⅰ 切开。即未感染细胞中能够检测未剪切的 *XBP*1(u)形式的 mRNA,而感染 DEV 的细胞中能够检测到剪切的 *XBP*1(s)形式 mRNA,如图 5 - 2(c)所示,这些结果表明 DEV 感染激活了内质网应激下的 IRE1 - XBP1 信号通路。

当 ATF6 途径激活时,ATF6 从内质网转移到高尔基体,被跨膜蛋白酶切割,释放有活性的 N - 端 50 kDa ATF6 蛋白。本章研究中,同未感染 DEV 的对照组细胞一样,笔者发现感染 DEV 的细胞中,90 kDa ATF6 前体并没有降解为 50 kDa切割产物,如图 5 - 2(d)所示,这些结果表明 DEV 感染没有激活 ATF6 信号通路。

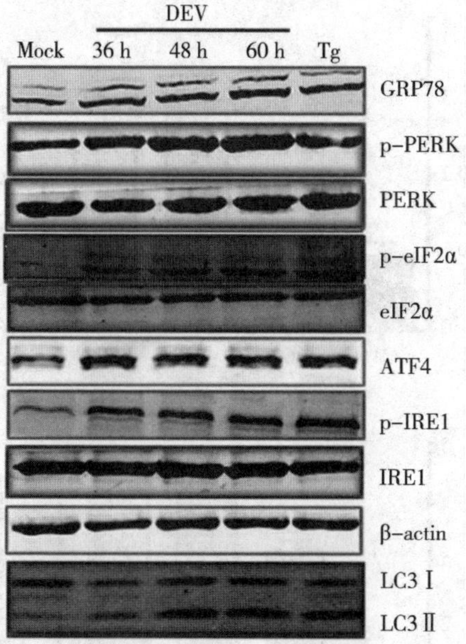
DEV
Mock
36 h
48 h
60 h
Tg
GRP78
p-PERK
PERK
p-eIF2α
eIF2α
ATF4
p-IRE1
IRE1
β-actin
LC3 Ⅰ
LC3 Ⅱ

（a）

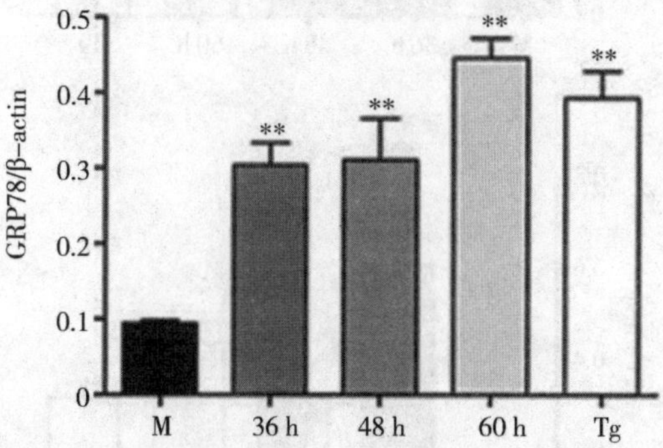
GRP78/β-actin
0
0.1
0.2
0.3
0.4
0.5
**
**
**
**
M
36 h
48 h
60 h
Tg

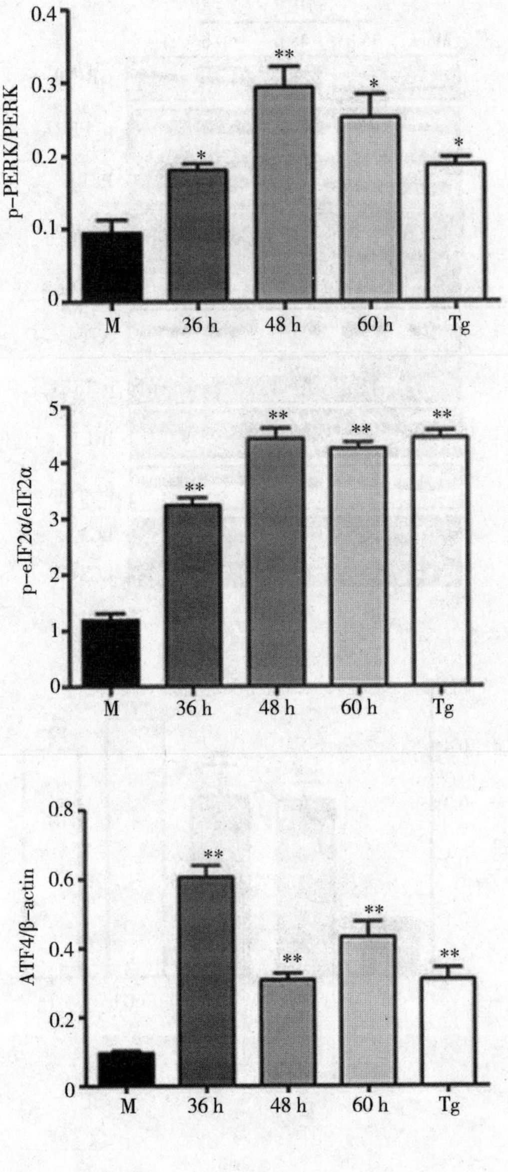
0.4
0.3
0.2
0.1
0
p−PERK/PERK
**
*
*
*
M
36 h
48 h
60 h
Tg
5
4
3
2
1
0
p−eIF2α/eIF2α
**
**
**
**
M
36 h
48 h
60 h
Tg
0.8
0.6
0.4
0.2
0
ATF4/β−actin
**
**
**
**
M
36 h
48 h
60 h
Tg

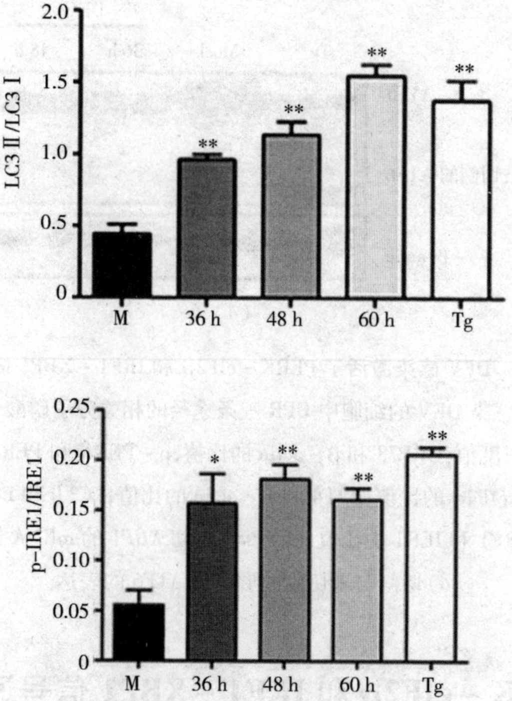
LC3 II /LC3 I
2.0
1.5
1.0
0.5
0
**
**
**
**
M
36 h
48 h
60 h
Tg
p-IRE1/IRE1
0.25
0.20
0.15
0.10
0.05
0
*
**
**
**
M
36 h
48 h
60 h
Tg

（b）

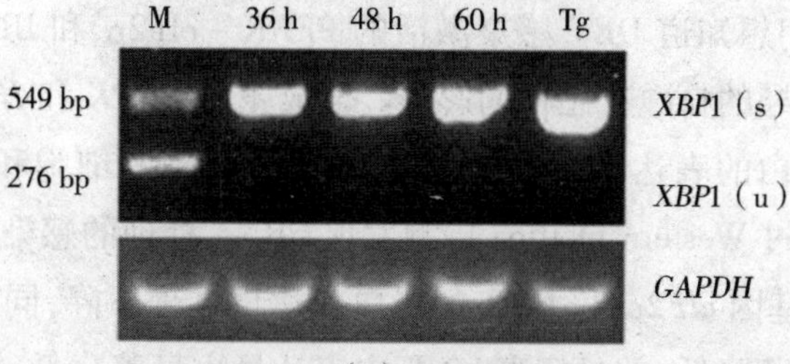
M
36 h
48 h
60 h
Tg
549 bp
276 bp
XBP1（s）
XBP1（u）
GAPDH

（c）

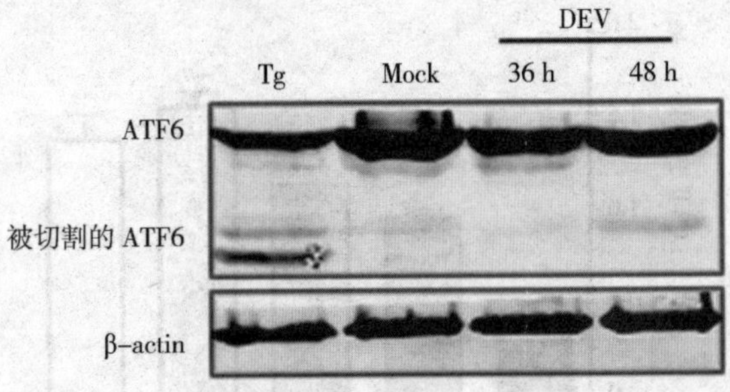

(d)

图 5-2　DEV 感染激活了 PERK-eIF2α 和 IRE1-XBP1 信号通路

注:(a)感染 DEV 的细胞中 UPR 三条途径的相关分子磷酸化水平;
(b)条带灰度值:GRP78 和 β-actin 的比值,p-PERK 和 PERK 的比值;
p-eIF2α 和 eIF2α 的比值;ATF4 和 β-actin 的比值;LC3 Ⅱ 和 LC3 Ⅰ 的比值;
p-IRE1 和 IER1 的比值;(c)*Pst* Ⅰ 酶切 *XBP*1 的 mRNA 结果;
(d)切割与未切割的形式的 ATF6 的表达。

5.3.3　PERK-eIF2α 和 IRE1-XBP1 信号通路调控了 DEV 诱导的自噬

接下来,我们想知道 DEV 感染激活的 PERK-eIF2α 和 IRE1-XBP1 信号通路对该病毒诱导的自噬有怎样的影响。合成靶向 *PERK* 和 *IRE*1 的 siRNA 以此降低这两个蛋白的表达。结果显示,相对于未转染的细胞和 siNC 处理的感染 DEV 细胞,通过 Western blotting 检测发现 siRNA 处理的感染 DEV 的细胞中,*PERK* 及其下游基因 *eIF*2α 和 *IRE*1 的蛋白表达量显著下降,同时 LC3 Ⅰ 向 LC3 Ⅱ 的转化程度显著降低,并且病毒 gB 蛋白表达量也显著降低,如图 5-3(a)和(b)所示。另外,相比于对照组细胞,在 *PERK* 和 *IRE*1 的 siRNA 转染的细胞中,子代病毒粒子的滴度也显著下降,如图 5-3(c)和(d)所示。这些数据也表明未折叠蛋白质应激下的 PERK 和 IRE1 信号通路参与了 DEV 诱导的自噬调控。

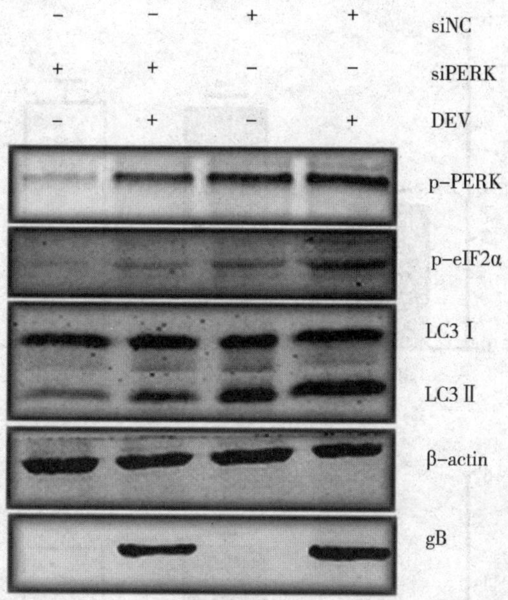
siNC
siPERK
DEV
p-PERK
p-eIF2α
LC3 Ⅰ
LC3 Ⅱ
β-actin
gB

（a）

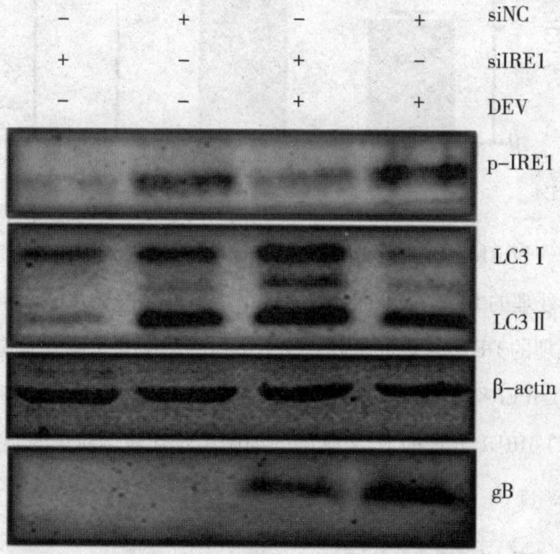
siNC
siIRE1
DEV
p-IRE1
LC3 Ⅰ
LC3 Ⅱ
β-actin
gB

（b）

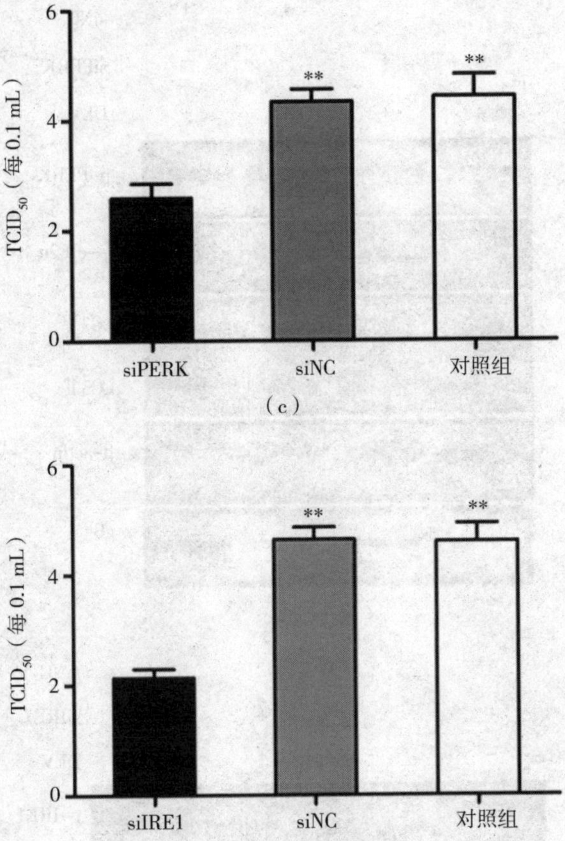

(d)

图 5-3 PERK-eIF2α 和 IRE1-XBP1 信号通路对 DEV 复制的影响

注：(a) siPERK 处理的 DEV 感染的细胞中各个蛋白的磷酸化水平及自噬水平的变化；
(b) siIER1 处理的 DEV 感染的细胞中各个蛋白的磷酸化水平及自噬水平的变化；
(c) siPERK 处理的 DEV 感染的细胞中子代病毒粒子的滴度；
(d) siIRE1 处理的 DEV 感染的细胞中子代病毒粒子的滴度。

5.3.4 细胞活性不受影响

考虑到药物处理或 siRNA 转染的处理可能对细胞活性造成影响，从而影响实验结果的准确性。利用 WST-1 细胞增殖及细胞毒性检测试剂盒检测运用到这个研究中的各种成分对细胞活性的影响。结果表明，和对照组相比，经过药物或 siRNA 转染处理的细胞活性并没有受到影响，如图 5－4 所示。

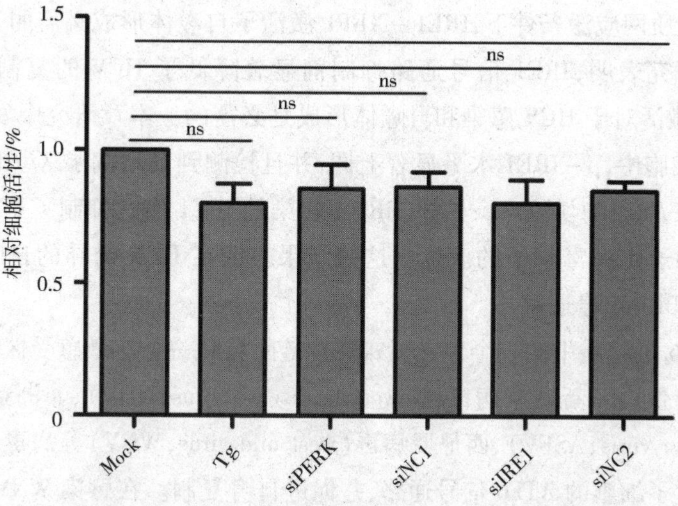

图 5－4　药物或 siRNA 转染处理对细胞活性没有影响

5.4　讨论

内质网是一个重要的多功能细胞器，并且内质网是有些病毒复制和成熟的位点。病毒感染过程中，会合成大量的病毒蛋白，未折叠或错误折叠的蛋白诱导了内质网应答并且导致了 UPR 的激活。在本章研究中，运用 Western blotting 检测方法发现，在 DEV 感染的细胞中内质网应激标志性分子 GRP78 表达量显著上调，表明 DEV 感染启动内质网应激并导致了 UPR 的激活。然而，GRP78 蛋白、UPR 和自噬这三者的联系在以后的研究中还需要进一步讨论。

PERK，一个 RNA 依赖的蛋白激酶样内质网激酶。激活的 PERK 磷酸化 eIF2α 的 ser51 位点，导致其激活。PERK 和 eIF2α 涉及内质网应激的早期信号通路。一些报道已经证明了 PERK 以及下游的调控因子 eIF2α 对于内质网应激诱导的自噬是非常重要的，因此我们想要研究 PERK－eIF2α 信号通路是否参与了内质网应激介导的 DEV 诱导的自噬。在笔者的研究中，感染 DEV 的细胞中，PERK 和 eIF2α 的磷酸化水平均显著上调，同时该通路的下游效应分子

ATF4 的表达量也显著上调。另外,siRNA 转染的 PERK 的表达抑制了 DEV 诱导的自噬水平和病毒复制。这些结果表明 PERK - eIF2α 信号通路参与了 DEV 诱导的自噬调控。

在内质网应激条件下,IRE1 - XBP1 激活了自噬体形成必需的 JNK 信号通路。有研究表明,IRE1 信号通路抑制剂显著降低了 HCV 的复制,并证明了 IRE1 的激活对于 HCV 感染和自噬体形成是必需的。本章研究中发现,在感染 DEV 的细胞中,p - IRE1 水平显著上调,并且检测到其切割了 *XBP*1 的 mRNA,使其失去 *Pst* Ⅰ 酶切位点。另外,siRNA 转染的 IRE1 表达抑制了病毒诱导的自噬水平和子代病毒粒子的滴度。这些结果表明在 DEV 诱导的自噬中激活了 IRE1 - XBP1 信号通路。

ATF6 是胞质中的一个包含亮氨酸拉链区域和一个应激感受区域的Ⅱ型内质网跨膜蛋白。新城疫病毒(Newcastle disease virus,NDV)、非洲猪瘟(African swine fever virus,ASFV)、西尼罗病毒(west nile virus,WNV)等病毒的感染已经证明激活了细胞的 ATF6 信号通路,并促进自身复制。在感染 WNV 的细胞中,通过抑制信号转导和晚期阶段的 IFN 信号激活,ATF6 促进了病毒的复制。本章研究中,感染 DEV 的 DEF 细胞中,尽管能够检测到 ATF6 的表达,但并没有检测到任何切割形式的 ATF6 的表达,表明 ATF6 途径没有参与调控 DEV 诱导的自噬。

笔者的研究结果表明,内质网应激下的 PERK - eIF2α 和 IRE1 - XBP1 途径调控了 DEV 诱导的细胞自噬。总之,笔者研究发现了内质网应激介导的 DEV 诱导的自噬的一个新机制。这些数据为更好地理解 DEV 诱导自噬的机制提供了基础。

第6章　gE蛋白诱导细胞自噬及与其互作蛋白的鉴定

6.1 材料

6.1.1 毒株、细胞和质粒

DEV CSC 标准强毒株；11 ~ 12 日龄 SPF 鸭胚；DEF 细胞按常规方法制备；人胚肾 293T 细胞；GFP - LC3 质粒；载体 pCMV - Myc、pCMV - 3 × Flag；载体 PCAGGS、pGEX - 6P - 1。

6.1.2 主要试剂与仪器

Viral DNA Kit 试剂盒；DMEM、Opti - MEM、FBS 和胰酶；PBS、青链霉素、4%多聚甲醛、0.1% Triton X - 100；10 mmol · L^{-1} dNTP 溶液、Marker、蛋白上样缓冲液 5 × Loading Buffer、6 × 核酸上样缓冲液；T4 DNA 连接酶、限制性内切酶、预染蛋白 Marker；Q5 High - Fidelity DNA Polymerase；RNA 提取试剂 TRIzol Reagent、磷酸钙转染试剂盒 Calcium PhosphateTransfection Kit；RIPA 细胞裂解液、NP - 40 裂解液、蛋白酶抑制剂 PMSF、DAPI；Protein G Agarose、X - tremeGene HP DNA 转染试剂、X - tremeGENE siRNA 转染试剂；GST 琼脂糖磁珠；共聚焦用玻底小皿(ϕ = 20 mm)；质粒中量提取试剂盒 Plasmid Midi Kit；抗 DEV gB 蛋白的单克隆抗体；鼠抗 β - actin 单克隆抗体、兔抗 LC3 多克隆抗体、鼠抗 Myc 单克隆抗体、兔抗 Myc 多克隆抗拒体、鼠抗 Flag 单克隆抗体、兔抗 Flag 多克隆抗体、鼠抗 GST 单克隆抗体、兔抗 GST 多克隆抗体、兔抗 GRP78 多克隆抗体；IRDye 800 CW 山羊抗鼠 IgG(H + L)和山羊抗兔 IgG(H + L)；Alexa Flour 488 标记的山羊抗鼠 IgG(H + L)、Alexa Fluor 633 标记的山羊抗兔 IgG(H + L)抗体。

PCR 仪、小型离心机、恒温冷冻离心机；细胞培养箱、生物安全柜；DNA 合成仪；激光共聚焦扫描系统、倒置荧光显微镜；SDS - PAGE 垂直电泳槽及半干转膜仪；近红外荧光成像系统。

6.2 方法

6.2.1 质粒的构建

(1)DEV 病毒 DNA 的提取

将 DEF 细胞培养于 25 cm^2 细胞培养瓶中，按照 2.2.2 感染病毒的方法接种 DEV，继续培养到 48 h，收取细胞使用 DNA 提取试剂盒 Viral DNA Kit 提取病毒 DNA，按照说明书操作，具体步骤如下：

①将样品放入无菌的离心管中，加入 250 μL 的无菌 PBS。

②加 10 μL OB 蛋白酶和 250 μL 的 Buffer BL(包含 4 μL Linear Acrylamide)，最大速度涡旋 15 s。

③65 ℃水浴 10 min；边孵育边晃动离心管。

④加 260 μL 无水乙醇裂解并最大速度涡旋 20 s 后瞬离。

⑤将吸附柱放入 2 mL 收集管中(试剂盒提供)，将以上收集的裂解产物转移到吸附柱中，8 000 *g* 离心 1 min，弃掉收集管中滤液。

⑥将吸附柱放到一个新的 2 mL 收集管中，加入 500 μL Buffer HB，并用枪头吹打，8 000 *g* 离心 1 min，弃掉收集管中滤液。

⑦将吸附柱放到一个新的 2 mL 收集管中，加入 700 μL 无水乙醇稀释的 DNA Wash Buffer，8 000 *g* 离心 1 min，弃掉收集管中滤液。

⑧使用新的收集管，用 700 μL DNA Wash Buffer，按照以上步骤离心，弃掉滤液。

⑨将吸附柱放入新的 2 mL 收集管中，不加任何液体，15 000 *g* 空离 1 min。

⑩将吸附柱放入 1.5 mL 无菌离心管中，并加入 50 ~ 100 μL Elution Buffer (65 ℃预热)，室温静止孵育 5 min。

⑪8 000 *g* 离心 1 min，滤液即为提取的病毒 DNA。

(2)各个质粒的构建

根据 GenBank 中公布的目的基因序列，设计克隆这些基因的 PCR 引物见附表 1。以上面制备的病毒 DNA 或 2.2.1(3)制备的 cDNA 作为 PCR 体系模板，扩增目的基因。将 PCR 扩增产物经琼脂糖凝胶电泳进行鉴定分析后，利用商品化胶回收试剂盒进行片段回收纯化，然后分别将载体和回收产物进行双酶切，回收相应位置大小的酶切载体片段与酶切PCR产物片段后，利用T4 DNA连接酶进行16 ℃过夜连接。连接产物转化于感受态细胞中，均匀涂于LB固体培养基(含卡那霉素)中，放入37 ℃恒温培养箱过夜培养，挑取单个菌落于含卡那霉素的LB液体培养基中扩大培养，14～16 h后使用试剂盒进行质粒的小量提取，经双酶切后，利用琼脂糖凝胶电泳进行鉴定，正确的质粒送到公司进行测序分析，对测序正确的质粒进行命名，中提质粒，测定浓度以备用。

6.2.2　质粒转染

(1)转染于DEF细胞中

将DEF细胞或293T细胞培养在6孔细胞培养板或共聚焦用玻底小皿中，在5% CO_2的37 ℃恒温培养箱中培养至孔底贴壁融合率达60%，按照2.2.3描述的步骤操作，进行各个质粒的转染，继续培养至特定时间。

(2)转染于293T细胞中

293T细胞培养至铺满孔底后，弃掉培养基，PBS漂洗两次，用胰酶消化后，加入新鲜的含有10% FBS和0.1 mg·mL^{-1}青链霉素的DMEM培养基悬浮细胞，使细胞均匀分散地铺在共聚焦用玻底小皿中，当单层细胞长至孔底贴壁融合率达60%时进行转染。将质粒和X－tremeGENE HP DNA转染试剂以1 μg∶1 μL的比例混合，加入150 μL Opti－MEM于无菌的离心管中，混匀后，室温孵育20 min。同时用Opti－MEM清洗待转染的细胞两次，然后加入新鲜的完全培养基，将配制好的转染混合物缓慢分散滴入细胞中，在5% CO_2的37 ℃恒温培养箱中继续培养。

6.2.3　病毒感染

将DEF细胞培养在6孔细胞培养板中，在5% CO_2的37 ℃恒温培养箱中培养至孔底贴壁融合率达70%～80%，按照2.2.2描述的步骤操作，进行病毒感染，继续培养至特定时间。

6.2.4　SDS－PAGE & Western blotting

按照3.2.3描述的方法进行Western blotting分析。其中一抗包括鼠抗

β－actin单克隆抗体、兔抗 LC3 多克隆抗体、鼠抗 Flag 单克隆抗体(1∶1 000)、兔抗 Flag 多克隆抗体(1∶500)、鼠抗 Myc 单克隆抗体(1∶1 000)、兔抗 Myc 多克隆抗体(1∶500)、鼠抗 GST 单克隆抗体(1∶1 000)、抗 DEV gB 蛋白的单克隆抗体(1∶500)、兔抗 GRP78 多克隆抗体(1∶500)。

6.2.5 激光共聚焦观察

(1)囊膜糖蛋白对自噬的影响

按照 2.2.3 的方法转染 GFP－LC3 质粒 12 h,DEV 感染按照 4.2.1 描述的方法操作,囊膜糖蛋白重组质粒转染按照 4.2.2 描述的方法操作,作用 36 h 后弃掉上清液,用 PBS 漂洗两次后按照 2.2.5 描述的方法操作。

(2)共定位分析

①实验组共转染 p3Flag－GRP78＋pMyc－gE,三个对照组分别共转染 p3Flag－EV＋pMyc－gE、p3Flag－GRP78＋pMyc－EV 及 p3Flag－EV＋pMyc－EV。

②按照 2.2.3 共转染各组质粒于培养在共聚焦用玻底小皿的 DEF 或 293T 细胞中,培养 48 h 后,弃掉培养基,PBS 漂洗两次。

③加入 0.5 mL 4% 多聚甲醛,室温固定 30 min,弃掉,PBS 漂洗三次。

④加入 1 mL 0.1% Triton X－100,室温透化 15 min,弃掉,PBS 漂洗三次。

⑤加入 300 μL 稀释好的鼠抗 Flag 单克隆抗体(1∶200)和兔抗 Myc 多克隆抗体(1∶200),室温孵育 2 h,PBS 漂洗三次。

⑥加入 300 μL 稀释好的 Alexa Flour 488 标记的山羊抗鼠 IgG(H＋L)(1∶200)和 Alexa Flour 633 标记的山羊抗兔 IgG(H＋L)(1∶200),室温孵育 1 h,PBS 漂洗三次。

⑦加入 200 μL DAPI 染细胞核,室温避光孵育 10～15 min,PBS 漂洗三次。

⑧用激光共聚焦显微镜观察并拍照。

6.2.6 免疫共沉淀

实验组共转染 p3×Flag－GRP78＋pMyc－gE,三个对照组分别共转染 p3×Flag－EV＋pMyc－gE、p3×Flag－GRP78＋pMyc－EV 及 p3×Flag－EV＋pMyc－EV。按照 2.2.3 描述的方法转染各组质粒于培养在 6 孔细胞培养板中

长至孔底贴壁融合率达 60% 的单层 DEF 细胞中。转染 48 h 后，吸掉培养基，用预冷的 PBS 漂洗两次，每孔加入 150 μL NP－40 裂解液（包含 1 mmol · L^{-1} PMSF）。置于冰上孵育 30 min；12 000 *g*，4 ℃离心 20 min 后将上清液转移到一个洁净的 1.5 mL 离心管中，留取 30 μL 蛋白样品用于 Input 的 Western blotting 分析。取 40 μL Protein G Agarose 用预冷 PBS 洗两次后加到蛋白溶液中，于冰上孵育 4 h，以去除非特异性结合。于 4 ℃，500 *g* 离心 5 min，并将上清的蛋白溶液转移到一个新的离心管中。取相应的 10 μL 鼠抗 Flag 单克隆抗体加入到蛋白溶液中，冰上孵育 4～6 h；加入 40 μL 预处理的 Protein G Agarose 捕捉 Flag－抗原复合物，冰上过夜孵育；500 *g* 离心 5 min，弃上清液，收集沉淀，沉淀即为 Agarose－Flag－抗原组成的三元复合物，用预冷的 NP－40 裂解液洗涤该复合物三次，以去除未结合的残留蛋白液；用 60 μL PBS 重悬该复合物，加入 15 μL 5 × Loading Buffer 混匀，沸水煮样 10 min，离心取上清液进行 SDS－PAGE 并转膜；转膜后分别用相应抗体进行 Western blotting 鉴定，一抗分别为鼠抗 Flag 单克隆抗体、鼠抗 Myc 单克隆抗体及鼠抗 β－actin 单克隆抗体。

6.2.7 GST－pull down

将原核表达重组质粒 pGEX－6P－1－GST－GRP78 转化于大肠埃希菌 BL21（DE3）感受态细胞中，经 IPTG（1 mmol · L^{-1}）诱导，得到重组蛋白 GST－GRP78。分别将重组真核质粒 pMyc－gE 和 pMyc－EV 按照 2.2.3 描述的步骤转染于培养在 6 孔细胞培养板的 293T 细胞中，培养 48 h。弃掉培养基，预冷的 PBS 漂洗两次，每孔加入 150 μL NP－40 裂解液（包含 1 mmol · L^{-1} PMSF）。置于冰上孵育 30 min；12 000 *g*，4 ℃离心 20 min 后将上清液转移到一个洁净的 1.5 mL 离心管中。留取 30 μL 蛋白样品用于 Input 的 Western blotting 分析。

分组设置：1 个实验组 GST－GRP78 ＋ Myc－gE，3 个对照组 GST－GRP78 ＋Myc－EV、GST ＋ Myc－gE 和 GST ＋ Myc－EV。其中，笔者用 GST 树脂纯化 GST－GRP78 蛋白和 GST 蛋白，然后分别加入真核表达 pMyc－gE 蛋白，冰上过夜孵育。用预冷的 PBS 洗涤 GST 树脂－蛋白复合物，除去未结合的蛋白。用 60 μL PBS 重悬该复合物，加入 15 μL 5 × Loading Buffer 混匀，沸水煮样 10 min，离心取上液清进行 SDS－PAGE 并转膜；转膜后分别用相应抗体进行 Western blotting 鉴定，一抗分别为兔抗 GST 多克隆抗体、鼠抗 Myc 单克隆抗体及鼠抗 β - actin 单克隆抗体。

6.2.8 数据分析

使用 GraPhpad Prism 5.0 软件进行统计分析，Tukey's test 用于数据分析，$p<0.01$(**)表示差异极显著，$p<0.05$(*)表示差异显著。

6.3 结果

6.3.1 DEV gE 蛋白诱导细胞自噬

有研究表明，病毒蛋白可锚定于某个宿主蛋白直接或间接地调控自噬的发生。VZV 的囊膜糖蛋白 gE 可以诱导细胞自噬。疱疹病毒的 gE 囊膜糖蛋白参与了细胞融合，促进了病毒在胞间的扩增和释放，并且是 DEV 表达含量最丰富的蛋白之一，可能这种蛋白的大量合成会触发内质网应激。为了探究是 DEV gE 蛋白是否是潜在地诱导自噬的蛋白质，笔者构建了相应的带有 Flag 标签的表达 gE 和 gI 囊膜糖蛋白的重组质粒。将带有 Flag 标签的 gE、gI 囊膜糖蛋白的重组质粒转染到 DEF 细胞中，并运用 Western blotting 的方法检测 LC3 Ⅰ 向 LC3 Ⅱ 的转化程度。实验结果显示，在 gE 表达的细胞中 LC3 Ⅰ 向 LC3 Ⅱ 的转化程度显著高于未转染的空白细胞和转染空载体及 gI 重组质粒的细胞，DEV 感染的细胞作为对照组，如图 6 - 1(a)所示。这表明 DEV 的 gE 蛋白能诱导 DEF 细胞的自噬。

在自噬过程中，同 DEV 感染的细胞一样，在 gE 表达的细胞中 GFP - LC3 在胞浆中呈点状分布，而在空载体转染的细胞中，GFP - LC3 在胞浆中呈弥散分布，如图 6 - 1(b)所示。另外，体外共转染 GFP - LC3 和 pMyc - gE 于 DEF 细胞中，结果发现发 gE 与 LC3 共定位于胞浆中，如图 6 - 1(c)所示。

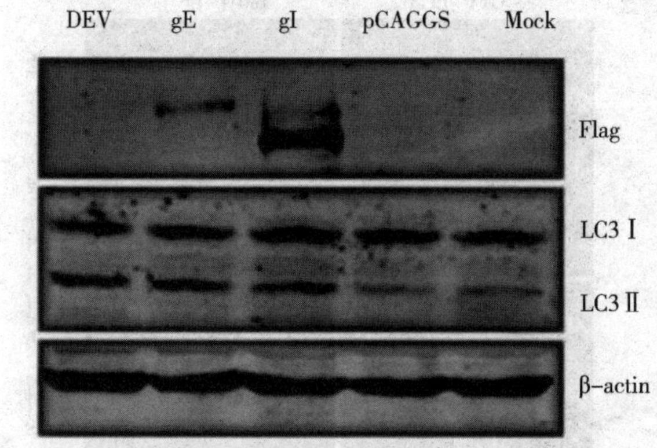
DEV
gE
gI
pCAGGS
Mock
Flag
LC3 Ⅰ
LC3 Ⅱ
β-actin

（a）

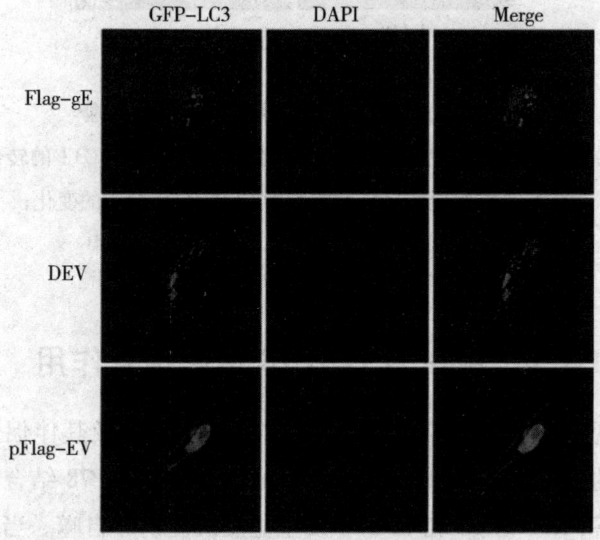
GFP-LC3
DAPI
Merge
Flag-gE
DEV
pFlag-EV

（b）

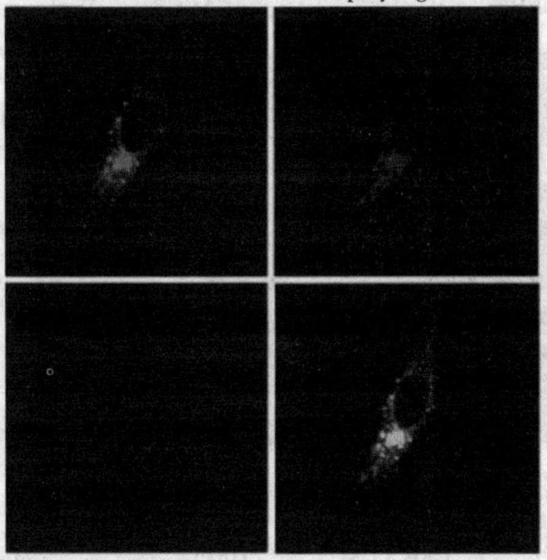

(c)

图 6-1 DEV gE 蛋白诱导 DEF 细胞自噬

注:(a) Western blotting 检测转染 gE 重组质粒的细胞中 LC3 I 的转化程度;
(b) gE 重组质粒转染的细胞中 GFP-LC3 分布的变化;
(c) LC3 和 gE 共定位于 DEF 细胞的胞浆中。

6.3.2 DEV gE 蛋白与 GRP78 蛋白相互作用

我们发现 DEV 诱导的自噬引起了内质网应激,以及其伴侣蛋白的表达上调。而同科的 HCMV 的 *US*11 和 *US*2 编码的蛋白与 GRP78 结合影响诱导了未折叠蛋白应答,VZV 的 gE 和 GRP78 发生免疫沉淀诱导自噬。当机体受到病毒感染时,细胞内病毒蛋白大量合成,GRP78 蛋白也大量表达并发挥分子伴侣的作用,辅助新生蛋白的正确折叠,从而平衡内质网应激的作用。由此推测 GRP78 可能和 DEV 的 gE 发生相互作用调控自噬的发生。因此,我们利用 CoIP 实验、GST-pull down 实验以及激光共聚焦实验验证 DEV gE 是否与 GRP78 发生相互作用。

我们将这两个重组质粒共转染到 DEF 细胞中,转染 36 h 后,分别用抗 Flag 和抗 Myc 抗体来检测获得的蛋白样品中转染质粒的蛋白表达,结果显示能够检测到 GRP78 和 gE 蛋白的表达。用抗 Myc 抗体检测 Agarose-Flag-抗原,能够检测到gE蛋白的表达,这说明gE和GRP78之间存在互作,如图6－2(a)所示。GST－pull down实验进一步证实GST－gE与GRP78相互作用,如图6－2(b)所示。

为了验证以上得到的互作结果,笔者也运用了激光共聚焦扫描系统观察GRP78与gE在DEF细胞中的共定位情况。结果发现,体外共转染GRP78和gE于DEF细胞中,这两种蛋白共定位于胞浆中,如图6－2(c)所示。同样,在293T细胞中,体外共转染GRP78和gE,这两种蛋白共定位于胞浆中,如图6－2(d)所示。

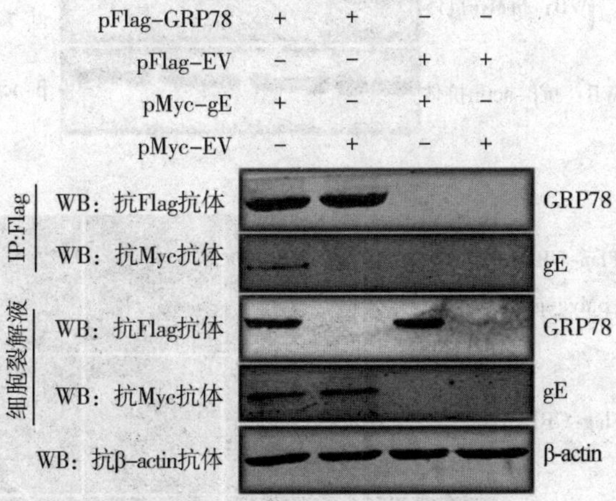

(a)

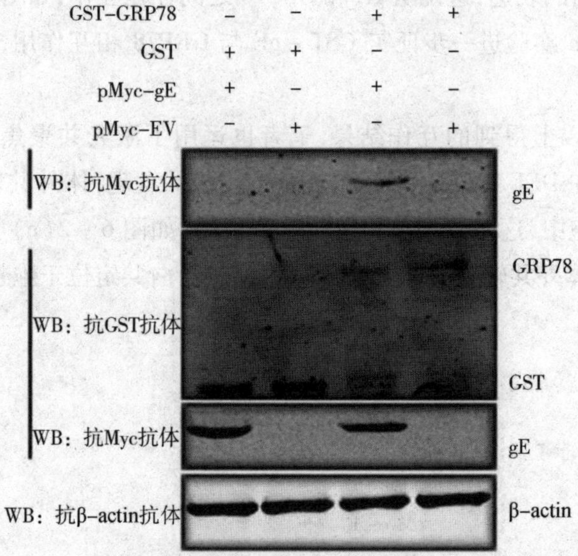
GST-GRP78 − − + +
GST + + − −
pMyc-gE + − + −
pMyc-EV − + − +
WB：抗Myc抗体
gE
GRP78
WB：抗GST抗体
GST
WB：抗Myc抗体
gE
WB：抗β-actin抗体
β-actin

（b）

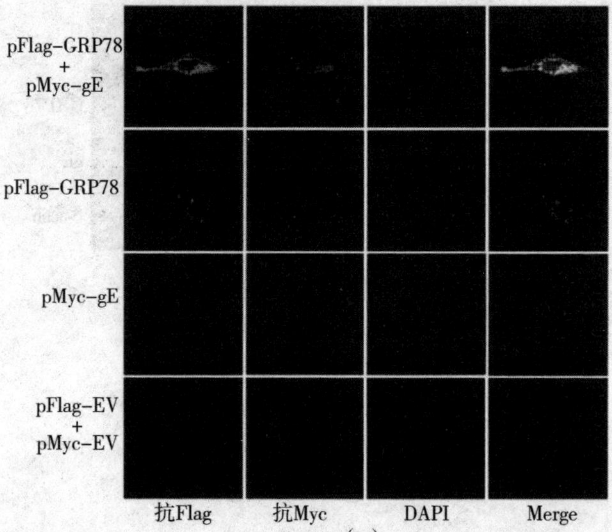
pFlag-GRP78
+
pMyc-gE
pFlag-GRP78
pMyc-gE
pFlag-EV
+
pMyc-EV
抗Flag
抗Myc
DAPI
Merge

（c）

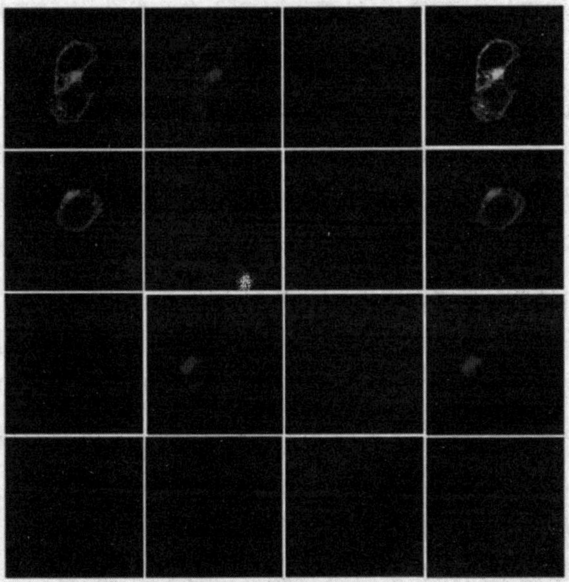

(d)

图 6-2　DEV gE 蛋白与 GRP78 蛋白相互作用

注:(a)CoIP 实验证实 gE 蛋白与 GRP78 存在相互作用;(b)GST-pull down 实验证实 gE 蛋白与 GRP78 存在相互作用;(c)gE 蛋白与 GRP78 共定位于 DEF 细胞的胞浆中;(d)gE 蛋白与 GRP78 共定位于 293T 细胞的胞浆中。

6.4 讨论

一些病毒蛋白能直接调控自噬的诱导。例如 EMVC 的非结构蛋白 2C 和 3D,禽呼肠孤病毒的非结构蛋白 p17 通过触发自噬增强病毒的复制。流感病毒的基质蛋白 M2 能通过封闭自噬体和溶酶体的结合引起自噬体的积累。狂犬病毒的磷蛋白诱导自噬。VZV 的囊膜糖蛋白也证明诱导了自噬。疱疹病毒的囊膜糖蛋白存在于病毒囊膜与受感染细胞所有膜结构中。这些囊膜糖蛋白是病毒的主要保护性抗原,诱导宿主细胞的免疫反应。此外,这些膜蛋白在病毒吸附、诱导膜融合、入侵、释放和细胞与细胞之间的传播等过程中都起到了非常重要的作用。新合成的糖蛋白从内质网经由高尔基体进入细胞膜。作为病毒体和受感染细胞的表面成分,糖蛋白是宿主免疫防御的主要目标。疱疹病毒复制过程中,病毒的囊膜糖蛋白,表达水平非常高,可能这种蛋白的大量合成会触发内质网应激,随后诱导自噬。笔者之前的研究证明 DEV 诱导了细胞自噬,那该病毒是否也存在某个潜在的糖蛋白诱导了 DEF 细胞的自噬。

本章研究中,发现 DEV 的 gE 蛋白能诱导细胞中 LC3 Ⅰ 向 LC3 Ⅱ 的转化程度,提高 GFP - LC3 在胞浆中的点状聚集,并且该蛋白和 LC3 在 DEF 胞浆中存在共定位,这些结果表明 DEV 的 gE 蛋白能诱导细胞自噬。

有研究报道通过质谱分析发现,纯化的 VZV 囊膜糖蛋白 gE 和四个 UPR 相关蛋白(包括 3 个热休克蛋白,GRP78/BiP,HSPA8 和 HSPD1)发生免疫共沉淀。瞬时表达 VZV 的囊膜糖蛋白 gE/gI 和 gH/gL 能诱导自噬。该囊膜糖蛋白在 VZV 诱导的内质网应激和 UPR 信号通路调控的 MRC - 5 成纤维细胞和 HeLa 细胞自噬现象中扮演了重要角色。

GRP78 属于热休克蛋白家族成员,是内质网应激的一个分子伴侣,GRP78 识别错误折叠或部分折叠蛋白的疏水区,促使蛋白正确折叠,具有维持内质网平衡的重要功能。VZV 错误折叠的糖蛋白前体在内质网中快速累积,随后通过 UPR 诱导了自噬体的形成。在 HCMV 感染的细胞中,GRP78 通过和病毒糖蛋白结合参与内质网相关的降解过程,主要降解组织相容性复合体 Ⅰ 型的重链,这可能是 HCMV 的一种免疫逃逸机制。之前的章节笔者证明了 DEV 感染诱导了 DEF 细胞 GRP78 蛋白的上调表达,并启动了 UPR 的相关途径。这里,笔者用多种方法证明病毒的囊膜糖蛋白 gE 和宿主细胞的 GRP78 蛋白发生相互作用。通过阅读文献和结合本章研究的实验结果,笔者推测 DEV 感染细胞后,gE 蛋白大量合成触发了内质网应激,随后和 GRP78 相互作用通过 UPR 信号通路诱导了自噬,这些还需要科学实验的证实和探究。

第 7 章　通过激活 CaMKKβ – AMPK 增加胞质钙来触发 DEV 诱导的鸭胚成纤维细胞自噬

7.1 材料

7.1.1 细胞、毒株和质粒

DEV CSC 标准强毒株;9～11 日龄 SPF 鸭胚;DEF 细胞按照常规方法制备;GFP－LC3 质粒。

7.1.2 主要试剂与仪器

DMEM、FBS 和胰酶;PBS、青链霉素、4% 多聚甲醛、0.1% Triton X－100;反转录试剂盒 PrimeScript™ 1st Strand cDNA Synthesis Kit、Marker;限制性内切酶、预染蛋白 Marker;RNA 提取试剂 TRIzol Reagent;X－tremeGENE HP DNA 转染试剂;WST－1 细胞增殖及细胞毒性检测试剂盒,RIPA 细胞裂解液,蛋白酶抑制剂 PMSF、DAPI、STO－609、离子霉素;抗 DEV gB 蛋白的单克隆抗体;鼠抗 β－actin 单克隆抗体、兔抗 LC3 多克隆抗体、兔抗 CAMKKβ 多克隆抗体、兔抗 AMPK 多克隆抗体、兔抗 p－AMPK 多克隆抗体; IRDye 800 CW 山羊抗鼠 IgG(H＋L)和山羊抗兔 IgG(H＋L);siRNA。

小型离心机、恒温冷冻离心机;细胞培养箱、生物安全柜;激光共聚焦扫描系统、倒置荧光显微镜;SDS－PAGE 垂直电泳槽及半干转膜仪;近红外荧光成像系统;酶标仪。

7.2 方法

7.2.1 细胞、病毒和质粒

如前所述,DEF 细胞从 9 至 11 天的无特定病原体鸭胚中获得,并在添加了 5% 胎牛血清和抗生素(0.1 mg · mL^{-1} 链霉素)的 Dulbecco's 改良 Eagle's 培养基中培养。在 37 ℃、5% CO_2/95% 空气的环境下,用含 5% DMSO 的 100 μL 培养基(含 50 μg · mL^{-1} 链霉素和 0.1 mg · mL^{-1} 青霉素)进行接种。为了构建 GFP－LC3 重组质粒,用引物对 LC3 F 5′－ATGCAACCGCCT CTG－3′和 LC3 R

5′ – TCGCGTTGGAAGGCAAATC – 3′从 DEF 细胞中扩增 *LC3* 基因,对应于鸭 *LC3B* 基因的 *GenBank* 序列(*NW*_004676873.1),并将其克隆到 pEGFP – C1 载体中,以表达带有 GFP 蛋白的 LC3B 蛋白。

7.2.2 病毒感染和药物或干扰小 RNA(siRNA)治疗

在 37 ℃下,DEF 细胞用 DEV 感染 2 h,然后用无菌磷酸盐缓冲液(pH = 7.4)洗涤三次,然后在 2% 的胎牛血清补充的培养基中培养至不同的时间点,直到收集样本。然后,在 2% 的胎牛血清补充的培养基中培养细胞,其中有些细胞用相同的药物进行预处理。本章中使用的化学品的最佳浓度为 10 mmol · L^{-1} 1,2 – 双(2 – 氨基苯氧基)乙烷 – N,N,N′,N′ – 四乙酸四钠盐,10 μmol · L^{-1} STO – 609,4 μmol · L^{-1}离子霉素和2.5 μmol · L^{-1} Fluo – 3 AM。根据制造商的说明,使用 WST – 1 细胞增殖及细胞毒性检测试剂盒测试药物和 siRNA 的毒性。在感染后 36 h、48 h 和 60 h,收集 DEF 细胞进行后续分析。

7.2.3 蛋白印迹分析

用蛋白酶抑制剂苯甲基磺酰氟的免疫沉淀裂解缓冲液从药物或 siRNA 转染或 DEV 感染的细胞中提取蛋白质,然后煮沸 10 min,在 5 × Loading Buffer 中,由 12% SDS – PAGE 分离,并根据制造商的说明转移到硝化纤维素膜上。在室温下用 3% 的牛血清白蛋白封闭细胞膜 2 h,然后与以下一抗在室温下作用 2 h:兔抗 LC3B 抗体,鼠抗 CAMKKβ 抗体,兔抗 p – AMPK 抗体,小鼠抗 AMPK 抗体,鼠抗 β – actin 抗体。然后,用 IRDye 800 CW 山羊抗小鼠或山羊抗兔 IgG(H + L)作为二抗,在室温下孵育 1 h。抗体检测采用近红外荧光成像系统进行。利用近红外荧光成像系统应用软件 3.0 版,通过在图像中添加矩形,可以直接获得数据,实现了蛋白质印迹图像强度的定量。

7.2.4 激光共聚焦观察

为了检测自噬小体,笔者在培养皿中使用磷酸钙转染试剂盒检测 GFP – LC3 质粒。在 24 h 后,将不同时间点的化学处理或病毒感染的 DEF 细胞用无水乙醇固定 30 min,细胞核用 DAPI 染色。通过共聚焦激光显微镜观察 GFP – LC3 的绿色荧光。

7.2.5 *CaMKKβ* siRNA

为了进一步研究细胞自噬对病毒复制的影响，笔者合成了靶向自噬相关基因 *Beclin*－1 的 siRNA。siRNA 的引物序列为 GCCUACAACGAGGACGAUATT（正义链）和 UAUCGUCCUCGUUGUAGGCTT（反义链）。用 siRNA 和阴性对照 siNC，用转染试剂转染 6 孔细胞培养板 24 h 后，再用 DEV 感染。采集细胞样本，检测 siRNA 的作用。

7.2.6 中位组织培养感染剂量（$TCID_{50}$）

DEF 细胞在覆盖的 96 孔细胞培养板中培养，然后分别用稀释的 DEV 病毒感染（稀释为原浓度的 10^{-8} ～ 10^{-1}）。在 72 h 后，观察细胞并记录病理变化。采用 Reed－Muench 法测定病毒滴度。

7.2.7 细胞内 Ca^{2+} 流式细胞术检测

使用 Fluo－3 AM 检测细胞质游离 Ca^{2+}。Fluo－3 AM 本身不与 Ca^{2+} 结合，但一旦染料被添加到细胞中，它就可以与 Fluo－3 AM 杂交，Fluo－3 AM 与 Ca^{2+} 结合后会发出荧光。DEF 细胞用 DEV 感染或用 BAPTA－AM 处理指定时间，然后在黑暗中在 37 ℃下用 Fluo－3 AM 孵育 1 h。之后，将细胞悬浮在磷酸盐缓冲液中。为了观察荧光，作为细胞内 Ca^{2+} 的指示剂，使用流式细胞仪在 488 nm 的激发波长下监测细胞。

7.2.8 数据分析

使用 GraPhpad Prism 5.0 软件进行统计分析，Tukey's test 用于数据分析，$p<0.01$（**）表示差异极显著，$p<0.05$（*）表示差异显著。

7.3 结果

7.3.1 CaMKKβ－AMPK 可能参与了 DEV 诱导的自噬

DEV 通过 AMPK－TSC2－mTOR 信号通路诱导细胞 DEF 自噬。一项确定是否有其他 AMPK 激活机制参与自噬诱导的研究表明，与模拟感染细胞相比，DEV 感染显著增加了 CaMKKβ 及其底物分子在 36 h、48 h 和 60 h 后 p－AMPK 的水平。LC3 是自噬小体细胞膜上的一种自噬标记蛋白。当自噬小体形成时，LC3Ⅰ被磷脂酰乙醇胺（PE）磷酸化为 LC3Ⅱ。LC3Ⅱ一直停留在自噬小体膜上，直到与溶酶体融合。因此，LC3Ⅱ的表达在一定程度上衡量了自噬小体的数量。LC3Ⅱ的表达水平也显著升高，如图 7－1（a）和（b）所示。这一结果表明，CaMKKβ－AMPK 可能参与了 DEV 诱导的自噬。

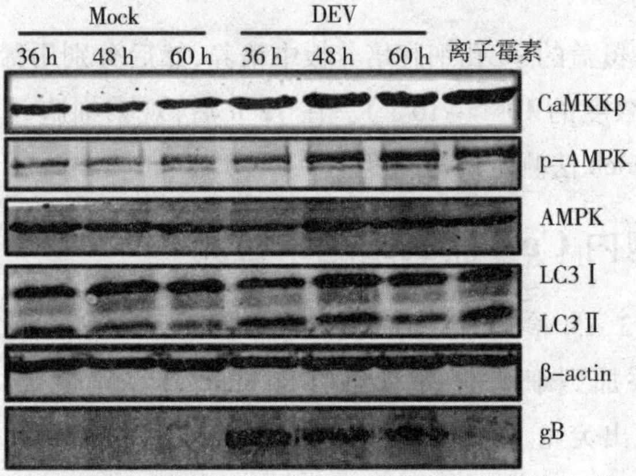

（a）

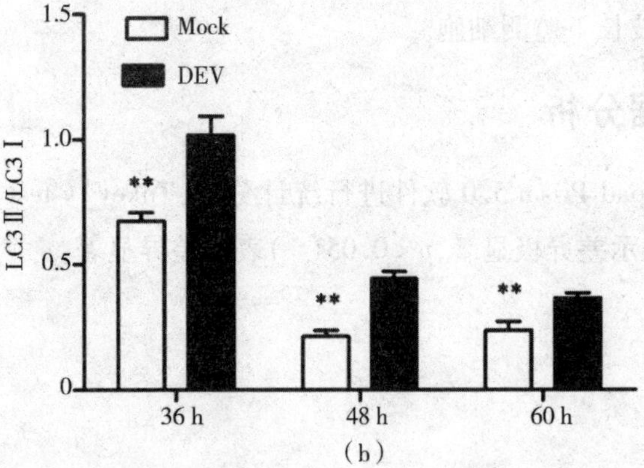

（b）

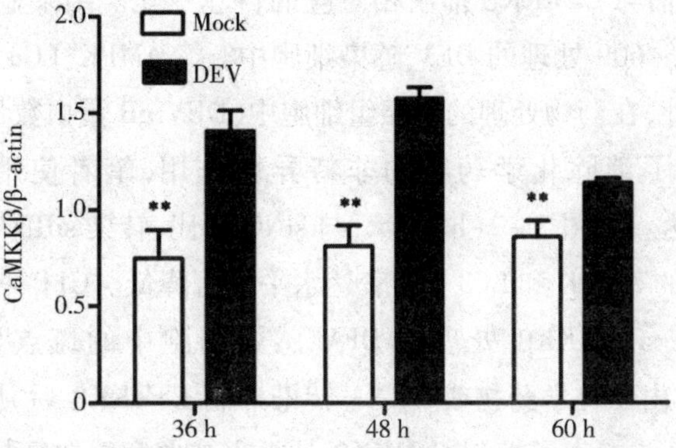

(c)

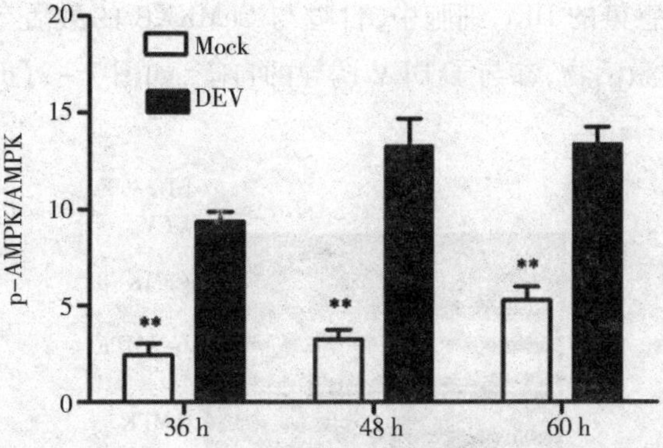

(d)

图 7–1　CaMKKβ – AMPK 对 DEV 自噬的影响

注：DEV 感染激活了 CaMKKβ 及其底物 AMPK，并增加了 LC3 Ⅰ 向 LC3 Ⅱ 转化的程度。(a)用 DEV(MOI = 1)感染的 DEF 细胞或模拟感染的细胞，在指定时间用抗 CaMKKβ、p – AMPK、AMPK、LC3 和 β – actin 的抗体进行印迹。处理的细胞作为阳性对照；(b) ~ (d) LC3 Ⅱ/LC3 Ⅰ，CaMKKβ/β – actin，p – AMPK/AMPK 的比值；$^{*}p < 0.05$ 表示差异显著，$^{**}p < 0.01$ 表示差异极显著。

7.3.2　CaMKKβ 是 AMPK 的上游激活物，参与了 DEV 诱导的自噬

接下来，笔者进一步验证了 CaMKKβ 在 DEV 诱导的自噬中的作用。由于 CaMKKβ 在 DEV 感染的 DEF 细胞中被激活，因此使用已知的 CaMKKβ 抑制剂

STO－609 来评估与 CaMKKβ 抑制相对应的自噬变化。结果显示，与对照组细胞相比，经 STO－609 处理的 DEV 感染细胞中，p－AMPK、LC3 Ⅰ向 LC3 Ⅱ转化显著降低。此外，在药物处理的对照组细胞中，DEV gB 蛋白数量减少，如图 7－2(a) 所示。为了消除化学药物的非特异性作用，笔者使用 siRNA 来抑制 CaMKKβ 的表达。如图 7－2(b) 所示，与 siNC 相比，转染 siRNA 的 DEF 细胞中 CaMKKβ、激活的 AMPK 和 LC3 Ⅱ的表达水平显著降低。GFP－LC3 的数量与对照组细胞相比，siCaMKKβ 处理的 DEV 感染细胞中的斑点显著减少，如图 7－2(c) 所示。由于化学药物或 siRNA 转染抑制 CaMKKβ 后，病毒蛋白的表达降低。笔者进一步检查了抑制 CaMKKβ 是否会减少病毒的复制。用 STO－609 或 siCaMKKβ 转染的 DEV 感染的 DEF 细胞中，病毒滴度极显著降低。这些结果表明，在 DEV 感染的 DEF 细胞中，自噬与 CaMKKβ 的激活有关，而 CaMKKβ 是 AMPK 的上游激活物，参与了 DEV 诱导的自噬，如图 7－2(d) 和 (e) 所示。

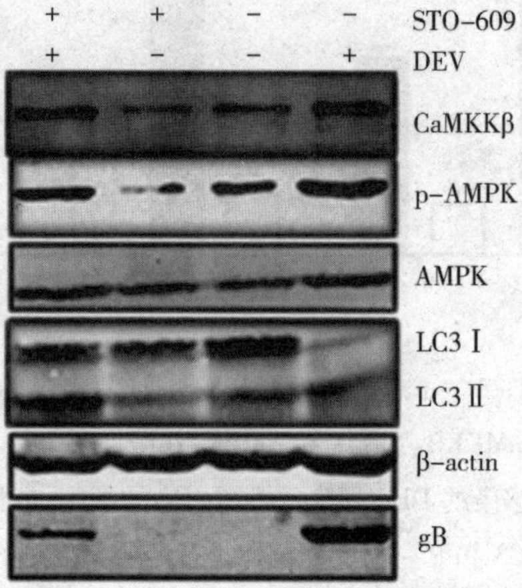

(a)

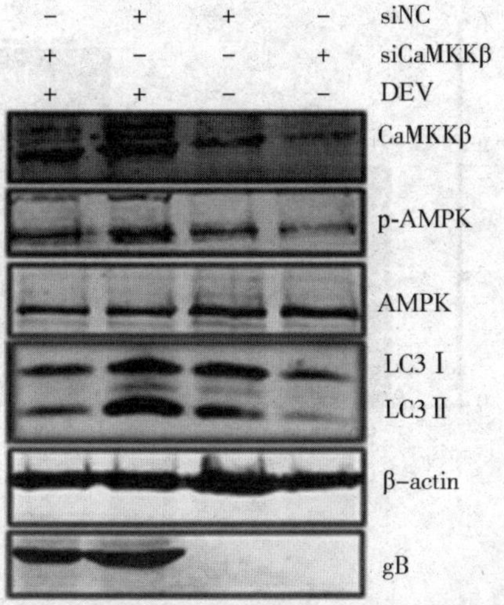

– + + – siNC
+ – – + siCaMKKβ
+ + – – DEV
CaMKKβ
p-AMPK
AMPK
LC3 Ⅰ
LC3 Ⅱ
β-actin
gB

（b）

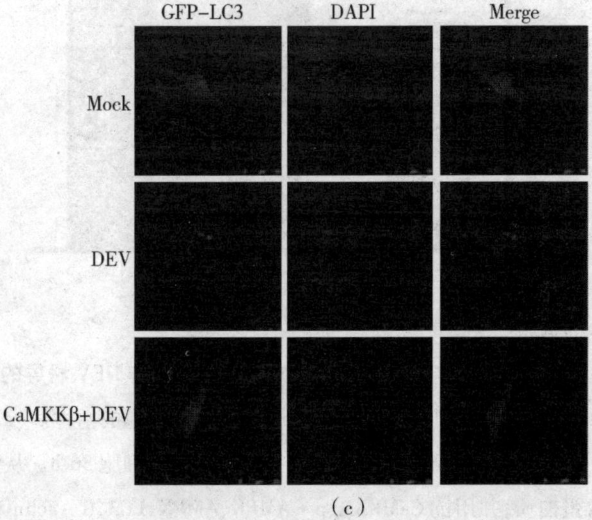

GFP-LC3
DAPI
Merge
Mock
DEV
CaMKKβ+DEV

（c）

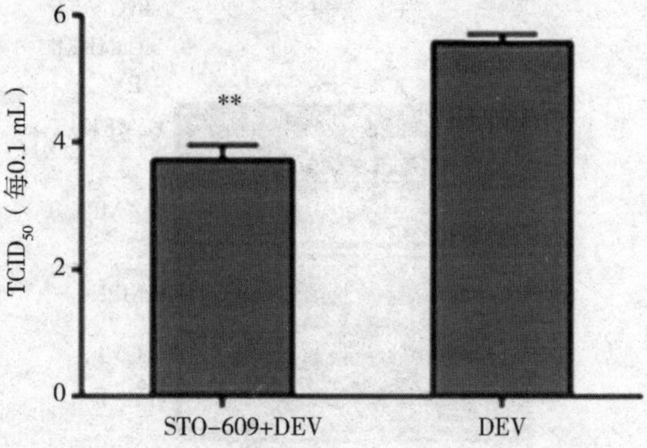

（d）

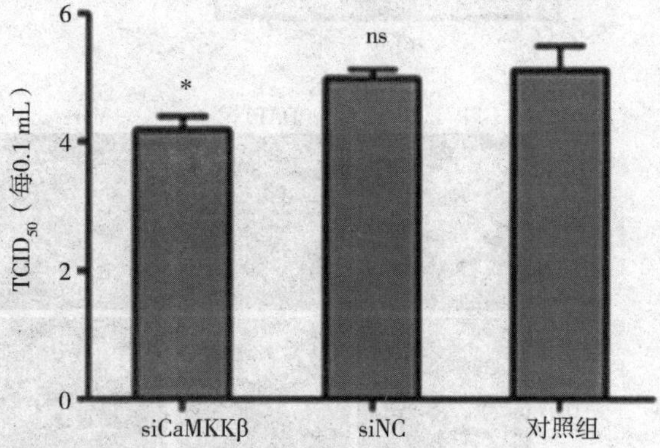

（e）

图 7-2　CaMKKβ 作为 AMPK 的上游激活因子参与 DEV 诱导的自噬

注:通过药物或 siRNA 转染抑制 CaMKKβ 可下调 AMPK 和自噬的活性。(a)在存在或不存在 STO-609(10 μmol · L^{-1})的情况下,以 MOI=1 感染 DEF 细胞 36 h。从 STO-609 处理过的细胞中提取蛋白质,并用抗 CaMKKβ、p-AMPK、AMPK、LC3、β-actin 和 gB 的抗体进行印迹。(b)在指定时间点存在靶向 *CaMKKβ*(siCaMKKβ)的情况下,用 DEV(MOI=1)感染 DEF 细胞;对 36 h 时的全细胞裂解物进行蛋白印迹分析。从 siCaMKKβ 处理过的细胞

中提取靶蛋白免疫印迹的代表性图像,并用抗 CaMKKβ、p-AMPK、AMPK、LC3 和 β-actin 的抗体进行印迹。(c)有或没有 siCaMKKβ 处理的 DEV 感染的 DEF 细胞的代表性共聚焦图像,并对 GFP-LC3 斑点进行了分析。(d)和(e)在 48 h 时的病毒滴度。所有统计数据的结果均为三个独立实验的平均值 ± SEM(ns, $p>0.05$; $^{*}p<0.05$; $^{**}p<0.01$)。

7.3.3 DEV 感染通过增加细胞内 Ca^{2+} 激活 CaMKKβ

为了进一步探索自噬诱导的机制，逐渐探索了上游调节因子。一些报告显示，细胞溶质 Ca^{2+} 浓度的增加促进了自噬过程。DEV 感染的 DEF 细胞与 Fluo－3 AM 一起孵育。然后，在 36 h、48 h 和 60 h 后，用流式细胞术检测细胞内 Ca^{2+}，结果显示 DEV 感染细胞的细胞质 Ca^{2+} 浓度分别高于模拟感染的对照组细胞，如图 7－3(b) 所示。结果还表明，细胞质 Ca^{2+} 的增加取决于初始病毒剂量，在 48 h 时 DEV(MOI 为 0.1～10) Ca^{2+} 浓度极显著增加，如图 7－3(a) 所示。

BAPTA－AM 是细胞内 Ca^{2+} 的成熟螯合剂。Mock 或 DEV 感染的 DEF 细胞用 25 μmol · L^{-1} BAPTA－AM 处理 30 h，通过流式细胞术检测细胞内 Ca^{2+}。结果如预期所示，添加 BAPTA－AM 降低了细胞内 Ca^{2+} 水平，如图 7－3(c) 所示。因此，BAPTA－AM 处理过的细胞中 CaMKKβ 和 AMPK 活性显著降低。添加 BAPTA－AM 后，LC3 Ⅱ 表达和病毒蛋白合成显著减少，如图 7－3(d) 所示。通过共聚焦荧光显微镜观察到 GFP－LC3 分布为与自噬泡相关的离散点状物。药物治疗后，GFP－LC3 点状物的数量变化可能响应自噬活性的变化。据推测，与对照组相比，BAPTA－AM 处理的 DEV 感染细胞中 GFP－LC3 点状物数量显著减少，表明自噬受到抑制，如图 7－3(e) 所示。与对照组相比，BAPTA－AM 处理的 DEF 细胞中 gB 蛋白表达减少。与对照组相比，BAPTA－AM 处理的 DEF 细胞中病毒滴度显著降低。使用 $TCID_{50}$ 测定法测量 DEV 病毒滴度，如图 7－3(f) 所示。总之，这些数据表明在 CaMKKβ 和 AMPK 依赖的过程中，Ca^{2+} 对于 DEV 感染的 DEF 细胞中的自噬功能是必需的。

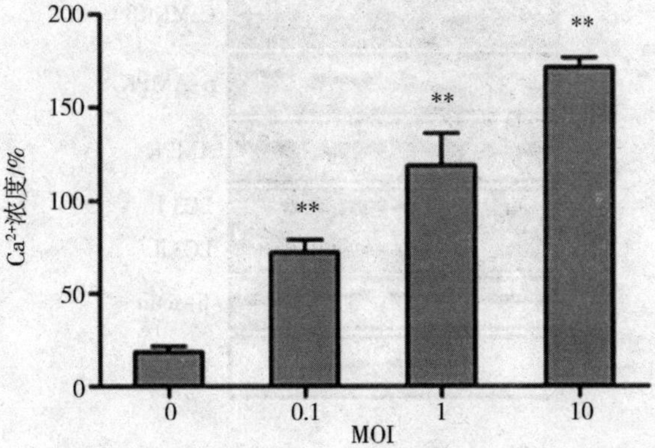

(a)

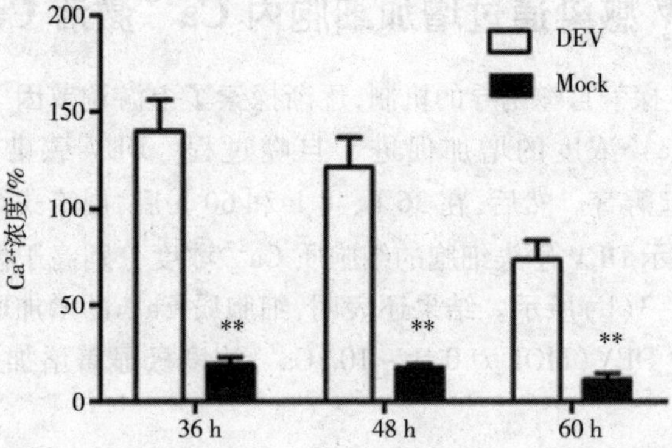
DEV
Mock
Ca²⁺浓度/%
200
150
100
50
0
**
**
**
36 h
48 h
60 h

（b）

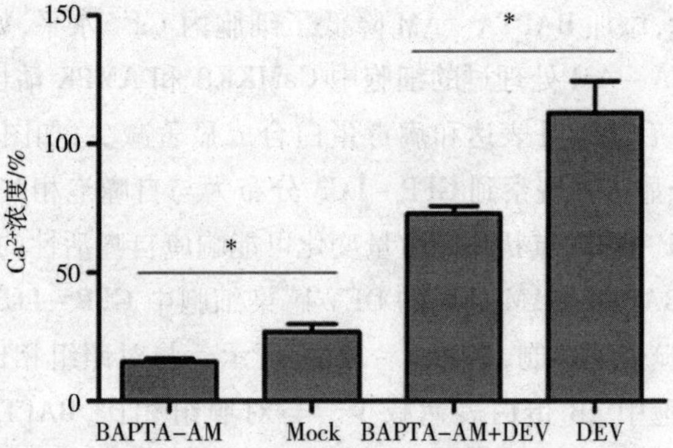
Ca²⁺浓度/%
150
100
50
0
*
*
BAPTA-AM
Mock
BAPTA-AM+DEV
DEV

（c）

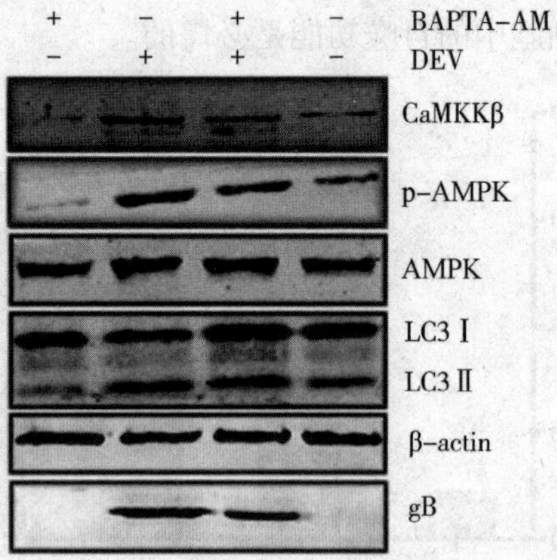
BAPTA-AM
DEV
CaMKKβ
p-AMPK
AMPK
LC3 Ⅰ
LC3 Ⅱ
β-actin
gB

（d）

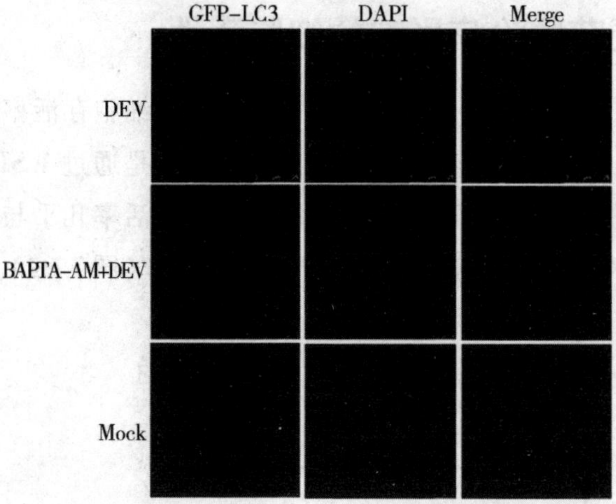

(e)

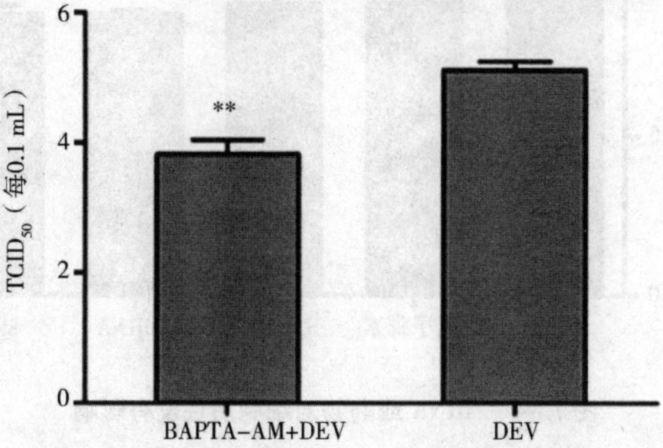

(f)

图 7 - 3　DEV 感染通过增加细胞内 Ca^{2+} 激活 CAMKKβ

注:DEV 增加了胞质钙离子来激活 CaMKKβ 和 AMPK。(a)用 MOI 为 0.1 ~ 10 的 DEV 感染 DEF 细胞。在 48 h 时,基于化学 Ca^{2+} 指示剂 Fluo - 3 AM,相对于模拟感染的细胞,测定细胞的胞质 Ca^{2+} 浓度。(b)DEV 在 MOI 为 1 时感染 DEV 细胞,在 36 h、48 h 和 60 h 时,基于 Fluo - 3 AM 测定了细胞相对于模拟感染细胞的胞质 Ca^{2+} 浓度。(c)经 BAPTA - AM 处理的 DEV 感染细胞,基于 Fluo - 3 AM 测定细胞相对于对照组细胞的胞质 Ca^{2+} 浓度。(d)用 36 h 收集的 BAPTA - AM 或 DEV 处理后的细胞全部裂解液,对 CaMKKβ、p - AMPK、AMPK、LC3、β - actin 和 gB 进行蛋白印迹分析。(e)使用或不使用 BAPTA - AM 治疗的 DEV 感染的 DEF 细胞的代表性共聚焦图像,并对 GFP - LC3 斑点进行了分析。(f)在 48 h 时的病毒滴度。所有统计数据结果均为三个独立实验的平均值 ± SEM(ns,$p > 0.05$;$^{*}p < 0.05$;和 $^{**}p < 0.01$)。

7.3.4 不受药物治疗影响的细胞活性

靶向内源性基因的 siRNA 转染或药物可能影响细胞存活率并影响实验结果。本章研究中使用的化合物对细胞存活率的影响是通过 WST－1 细胞增强及细胞毒性检测试剂盒检测的。经处理的细胞的存活率几乎与模拟感染细胞相同,因此 siRNA 或药物治疗不影响 DEF 细胞存活率(图 7－4)。

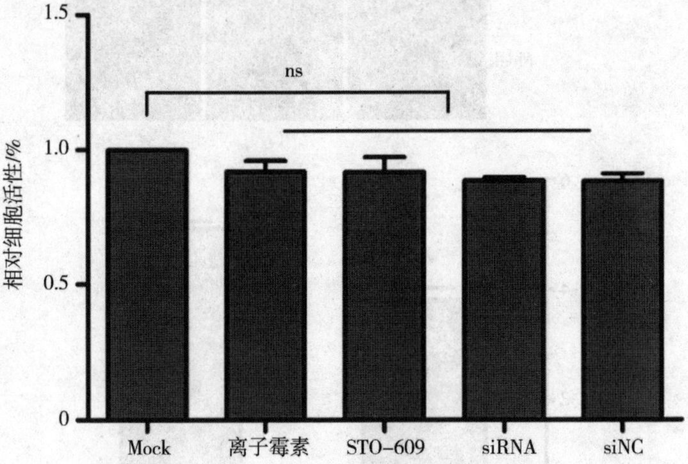

图 7－4 siRNA 或药物对细胞活性没有影响

注:用离子霉素、STO－609 和 siRNA 转染细胞 48 h 后,

使用 WST 细胞增殖及细胞毒性检测试剂盒检测细胞活性。

7.4 讨论

自噬是一种受到严格调控且在进化上保守的细胞内过程,细胞在溶酶体中破坏和回收细胞成分。许多证据表明,病毒诱导的自噬在病毒生命周期和致病性方面起着重要作用。许多病毒被报道通过多种途径诱导自噬。笔者之前的研究结果表明,DEV 通过 AMPK－TSC2－MTOR 信号通路介导受损的细胞能量代谢诱导自噬激活。AMPK 上游的两个信号分子参与细胞能量和 Ca^{2+} 介导的 CaMKKβ 激活。然而,尚不清楚 Ca^{2+} 介导的 CaMKKβ 是否能在 DEV 诱导的自噬过程中激活 AMPK 和一系列下游信号通路。本章的研究结果表明，DEV 通过增加胞浆 Ca^{2+} 浓度激活 CaMKKβ 及其底物分子 AMPK，从而在 DEF 细胞中触发自噬。

自噬最初与细胞内 Ca^{2+} 调节有关。随后的研究发现，细胞内或细胞外 Ca^{2+} 的去除抑制了自噬。尽管 Ca^{2+} 信号与自噬调节之间的关联已被报道，但其潜在机制仍不清楚。Ca^{2+} 对自噬的控制分为两种对立的观点，即 Ca^{2+} 抑制自噬和促进自噬。在本章研究中，DEV 感染导致 DEF 细胞内 Ca^{2+} 增加，并激活了自噬体的形成。

CaMKKβ 是最有效的 Ca^{2+} 依赖性蛋白激酶之一，参与多种信号转导过程。众所周知，AMPK（Thr172）、CaMKI（Thr172）和 CaMKIV（Thr200）可以直接被 CaMKKβ 磷酸化以参与自噬。此外，CaMKKβ 的激活主要依赖 Ca^{2+} 和钙调素结合引起的构象变化。因此，细胞质中游离 Ca^{2+} 的水平对 CaMKKβ 的激活至关重要。

AMPK 在 T 细胞、下丘脑神经元细胞和内皮细胞中，表明 Ca^{2+} 代谢可能在 AMPK－mTOR 调节的自噬过程中发挥重要作用。最近的研究发现，在轮状病毒感染的细胞中，CaMKKβ 通过增加 Ca^{2+} 水平被激活，进一步激活 AMPK，导致随后的自噬。人巨细胞病毒感染可以激活 CaMKKβ/AMPK 途径，促进细胞葡萄糖代谢和病毒复制。在这里，尽管 DEV 感染确实增加了胞质 Ca^{2+} 的含量，但其机制尚不清楚。然而，据推测，病毒可能编码一种或多种蛋白质，这些蛋白质可以改变 Ca^{2+} 的生物膜通透性，导致来自内质网或高尔基体 Ca^{2+} 储存库或来自细胞外环境的 $[Ca^{2+}]$cyto 增加。笔者之前的研究结果证实了内质网应激参与了 DEV 诱导的自噬，这表明内质网应激与胞质 $[Ca^{2+}]$ 升高之间可能存在某些联系。

第 8 章　全书结论

1. DEV 感染能够诱导 DEF 细胞的完全自噬,这种现象依赖于病毒的复制,并有利于病毒增殖。

2. DEV 感染触发了 DEF 细胞的内质网应激,并通过未折叠蛋白质应答途径调控了 DEV 诱导的自噬。

3. DEV 感染诱导了 DEF 细胞的能量代谢损伤,这种代谢损伤通过 AMPK - TSC2 - mTOR 信号通路介导了 DEV 诱导的自噬。

4. gE 蛋白与 GRP78 蛋白相互作用,通过内质网应激下的 PERK - eIF2α 和 IRE1 - XBP1 信号通路调控了 DEV 诱导的自噬。

5. CaMKKβ 是 DEV 感染过程中 AMPK 的上游调控因子,有助于自噬的诱导。CaMKKβ 的激活是由于胞质中 Ca^{2+} 含量的增加。

附　　录

附表　本书中所用的引物

引物名称	引物序列（5′—3′）
LC3 – F	CTCGAGATGCAACCGCCTCTG
LC3 – R	GAATTCTCGCGTTGGAAGGCAAATC
gI – F	GAATTCATGGGAACGACACGACATATACTG
gI – R	CTCGAGTTCTGTTTTATGATCCCCAG
gE – F	GAATTCATGATGGTTACTTTTATATCTACAG
gE – R	CCGCTCGAGGATGCGGAAACTAGA
GRP78 – F	GAATTCATGGCCGGGTGGAAATCATTGCCAA
GRP78 – R	CTCGAGCTACAACTCATCCTTTTCTGCTGTT
XBP1 – F	AGAAGACGTGCAGCCTTTCC
XBP1 – R	TGCCCATTTTAACAGGAATCTCCA
GAPDH – F	AGATGCTGGTGCTGAATACG
GAPDH – R	CGGAGATGATGACACGCTTA

英文缩略表

英文缩写	英文全称	中文名称
siRNA	small interfering RNA	干扰小 RNA
DAPI	4′,6 - diamidino - 2 - phenylindole	4′,6 - 二脒基 - 2 - 苯基吲哚
OD	optical density	光密度
kDa	kilodalton	千道尔顿
CoIP	coimmunoprecipitation	免疫共沉淀
$TCID_{50}$	50% tissue culture infective dose	半数组织培养感染剂量
EGFP	enhanced green fluorescent protein	增强型绿色荧光蛋白
E. coli	*Escherichia coli*	大肠埃希菌
NC	nitrocellulose	硝酸纤维素
Akt	protein kinase B	蛋白激酶 B
RIPA	radio immunoprecipitation assay	放射免疫沉淀法
3 - MA	3 - methyladenine	3 - 甲基腺嘌呤
DEPC	diethyl pyrocarbonate	焦碳酸二乙酯
DMSO	dimethyl sulfoxide	二甲基亚砜
PMSF	phenylmethylsulfonyl fluoride	苯甲基磺酰氟
RNase	ribonuclease	核糖核酸酶
myD88	myeloid differentiation primary response protein 88	髓系分化初级反应蛋白 88
PERK	PKR - like ER protein kinase	PKR 样内质网蛋白激酶
ATF6	activating transcription factor 6	转录激活因子 6
IRE1	inositol - requiring enzyme 1	肌醇酶 1
MOI	multiplicity of infection	感染复数
JNK	c - Jun N - terminal kinase	c - Jun 氨基端激酶
mTOR	mammalian target of rapamycin	哺乳动物雷帕霉素靶蛋白
PAMP	pathogen - associated molecular pattern	病原相关分子模式
SCID	severe combined immunodeficiency	重症联合免疫缺陷病

续表

英文缩写	英文全称	中文名称
LMP1	latent membrane protein 1	潜伏膜蛋白 1
TLR	Toll – like receptor	Toll 样受体
ERGIC	endoplasmic reticulum – Golgi intermediate compartment	内质网高尔基体中间成分
p62/SQSTM1	ubiquitin – conjugates protein 62/sequestosome 1	泛素结合蛋白 62
SDS – PAGE	SDS – polyacrylamide gel electrophoresis	十二烷基硫酸钠 – 聚丙烯酰胺凝胶电泳

参考文献

[1]陈淑红. 鸭肠炎病毒部分基因组序列的克隆与分析[D]. 哈尔滨:东北农业大学,2006.

[2]董广阔. 鸭肠炎病毒囊膜蛋白 gB 和 gC 主要抗原域的原核表达和单克隆抗体的研制[D]. 扬州:扬州大学,2012.

[3]范薇. 鸭瘟病毒 *gD* 基因发现及重组蛋白应用研究[D]. 成都:四川农业大学,2013.

[4]胡小欢. DPV *gJ* 基因主要抗原域表达及抗体制备[D]. 成都:四川农业大学,2014.

[5]黄引贤,欧守杼,邝荣禄,等. 鸭瘟病毒的研究[J]. 华南农业大学学报(自然科学版),1980(1):21-36.

[6]刘琰. 鸭肠炎病毒 gD 蛋白亚细胞定位及其对病毒感染相关作用的研究[D]. 哈尔滨:东北农业大学,2012.

[7]马波. 鸭肠炎病毒 *ul27* 基因特征及其编码蛋白部分抗原表位优势区的鉴定[D]. 哈尔滨:东北农业大学,2008.

[8]孙昆峰. 鸭瘟病毒 *gC* 基因疫苗在鸭体内分布规律及 *gC*、*gE* 基因缺失株的构建和生物学特性的初步研究[D]. 成都:四川农业大学,2013.

[9]汤海宽. 重组 DEV *gH* 与 *UL24* 基因杆状病毒构建及 gH 与 UL24 蛋白细胞定位[D]. 哈尔滨:东北农业大学,2007.

[10]徐耀先,周晓峰,刘立德. 分子病毒学[M]. 武汉:湖北科学技术出版社,2000.

[11]杨晓圆. 鸭瘟病毒 *US4* 基因的原核表达及应用[D]. 成都:四川农业大学,2011.

[12]赵丹丹. 鸭瘟病毒 gB 蛋白单克隆抗体的制备及胶体金试纸条检测方法的建立和应用[D]. 泰安:山东农业大学,2015.

[13]张苗苗. 表达新城疫病毒 F 和 *HN* 基因重组鸭肠炎病毒的构建[D]. 北京:中国农业科学院,2014.

[14]张树栋. 鸭肠炎病毒主要囊膜糖蛋白复合表位的制备及间接 ELISA 方法建立和初步应用[D]. 哈尔滨:东北农业大学,2015.

[15]张远龙. 鸭瘟病毒河南分离株 *gG* 基因与 *gI* 基因的克隆与序列分析[D]. 郑州:河南农业大学,2010.

[16]张智慧.鸭肠炎病毒糖蛋白B单克隆抗体的制备与鉴定[D].哈尔滨:东北农业大学,2009.

[17]周涛.鸭瘟病毒*UL*10基因分子特性及转录时相分析[D].成都:四川农业大学,2010.

[18]左伶洁.鸭瘟病毒UL1与gH蛋白相互作用的初探[D].成都:四川农业大学,2014.

[19]ALEXANDER D E,WARD S L,MIZUSHIMA N,et al. Analysis of the role of autophagy in replication of herpes simplex virus in cell culture[J]. Journal of Virology,2007,81(22):12128 – 12134.

[20]AMBROSE R L,MACKENZIE J M. ATF6 signaling is required for efficient west nile virus replication by promoting cell survival and inhibition of innate immune responses[J]. Journal of Virology,2013,87(4):2206 – 2214.

[21]ARAVIND S,KAMBLE N M,GAIKWAD S S,et al. Protective effects of recombinant glycoprotein D based prime boost approach against duck enteritis virus in mice model[J]. Microbial Pathogenesis,2015,88:78 – 86.

[22]ARICO S,PETIOT A,BAUVY C,et al. The tumor suppressor PTEN positively regulates macroautophagy by inhibiting the phosphatidylinositol 3 – kinase/protein kinase B pathway[J]. The Journal of Biological Chemistry,2001,276(38):35243 – 35246.

[23]BARR B C,JESSUP D A,DOCHERTY D E,et al. Epithelial intracytoplasmic herpes viral inclusions associated with an outbreak of duck virus enteritis[J]. Avian Diseases,1992,36(1):164 – 168.

[24]BELZILE J P,SABALZA M,CRAIG M,et al. Trehalose,an mTOR – independent inducer of autophagy,inhibits human cytomegalovirus infection in multiple cell types[J]. Journal of Virology,2016,90(3):1259 – 1277.

[25]BENYOUNÈS A,TAJEDDINE N,TAILLER M,et al. A fluorescence – microscopic and cytofluorometric system for monitoring the turnover of the autophagic substrate p62/SQSTM1[J]. Autophagy,2011,7(8):883 – 891.

[26]BERRIDGE M J. The endoplasmic reticulum: a multifunctional signaling organelle[J]. Cell Calcium,2002,32(5 – 6):235 – 249.

[27] BERRIDGE M J, BOOTMAN M D, RODERICK H L. Calcium signalling: dynamics, homeostasis and remodelling[J]. Nature Reviews Molecular Cell Biology, 2003, 4(7): 517 – 529.

[28] BERRIDGE M J, LIPP P, BOOTMAN M D. The versatility and universality of calcium signalling[J]. Nature Reviews Molecular Cell Biology, 2000, 1(1): 11 – 21.

[29] BHATT A P, DAMANIA B. AKTivation of PI3K/AKT/mTOR signaling pathway by KSHV[J]. Frontiers in Immunology, 2013, 3: 401.

[30] BIENIASZ P D. Intrinsic immunity: a front – line defense against viral attack [J]. Nature Immunology, 2004, 5(11): 1109 – 1115.

[31] BOULEY S J, MAGINNIS M S, DERDOWSKI A, et al. Host cell autophagy promotes BK virus infection[J]. Virology, 2014, 456 – 457: 87 – 95.

[32] BUCKINGHAM E M, CARPENTER J E, JACKSON W, et al. Autophagic flux without a block differentiates varicella – zoster virus infection from herpes simplex virus infection[J]. Proceedings of the National Academy of Sciences of the United States of America, 2015, 112(1): 256 – 261.

[33] BUCKINGHAM E M, CARPENTER J E, JACKSON W, et al. Autophagy and the effects of its inhibition on varicella – zoster virus glycoprotein biosynthesis and infectivity[J]. Journal of Virology, 2014, 88(2): 890 – 902.

[34] BUCKINGHAM E M, JAROSINSKI K W, JACKSON W, et al. Exocytosis of varicella – zoster virus virions involves a convergence of endosomal and autophagy pathways[J]. Journal of Virology, 2016, 90(19): 8673 – 8685.

[35] BURGESS E C, YUILL T M. Increased cell culture incubation temperatures for duck plague virus isolation[J]. Avian Diseases, 1981, 25(1): 222 – 224.

[36] BURGESS E C, YUILL T M. The influence of 7 environmental and physiological factors on duck plague virus shedding by carrier mallards[J]. Journal of Wildlife Diseases, 1983, 19(2): 77 – 81.

[37] BURGESS E C, OSSA J, YUILL T M. Duck plague: a carrier state in waterfowl[J]. Avian Diseases, 1979, 23(4): 940 – 949.

[38] CAMPAGNOLO E R, BANERJEE M, PANIGRAHY B, et al. An outbreak of

duck viral enteritis (duck plague) in domestic Muscovy ducks (Cairina moschata domesticus) in Illinois[J]. Avian Diseases,2001,45(2): 522 - 528.

[39] CARPENTER J E, JACKSON W, BENETTI L, et al. Autophagosome formation during varicella - zoster virus infection following endoplasmic reticulum stress and the unfolded protein response [J]. Journal of Virology, 2011, 85 (18): 9414 - 9424.

[40] CHANG H, CHENG A C, WANG M S, et al. Expression and immunohistochemical distribution of duck plague virus glycoprotein gE in infected ducks [J]. Avian Diseases, 2011, 55(1): 97 - 102.

[41] CHEN L, YU B, HUA J G, et al. Construction of a full - length infectious bacterial artificial chromosome clone of duck enteritis virus vaccine strain[J]. Virology Journal, 2013, 10(1): 328.

[42] CHEN N, KARANTZA V. Autophagy as a therapeutic target in cancer[J]. Cancer Biology and Therapy, 2011, 11(2): 157 - 168.

[43] CHEN Q, FANG L, WANG D, et al. Induction of autophagy enhances porcine reproductive and respiratory syndrome virus replication[J]. Virus Research: An International Journal of Molecular and Cellular Virology, 2012, 163(2): 650 - 655.

[44] CHEN Y Q, KLIONSKY D J. The regulation of autophagy - unanswered questions[J]. Journal of Cell Science, 2011, 124(2): 161 - 170.

[45] CHENG J H, SUN Y J, ZHANG F Q, et al. Newcastle disease virus NP and P proteins induce autophagy via the endoplasmic reticulum stress - related unfolded protein response[J]. Scientific Reports, 2016, 6: 24721.

[46] CHESHENKO N, ROSARIO B, WODA C, et al. Herpes simplex virus triggers activation of calcium - signaling pathways [J]. The Journal of Cell Biology, 2003, 163(2): 283 - 293.

[47] CHI P I, HUANG W R, LAI I H, et al. The p17 nonstructural protein of avian reovirus triggers autophagy enhancing virus replication via activation of phosphatase and tensin deleted on chromosome 10 (PTEN) and AMP - activated protein kinase (AMPK), as well as dsRNA - dependent protein kinase

(PKR)/eIF2α signaling pathways[J]. The Journal of Biological Chemistry, 2013,288(5): 3571 -3584.

[48] CHIOU C J, POOLE L J, KIM P S, et al. Patterns of gene expression and a transactivation function exhibited by the vGCR (ORF74) chemokine receptor protein of Kaposi's sarcoma - associated herpesvirus[J]. Journal of Virology, 2002,76(7):3421 -3439.

[49] CHIRAMEL A, BRADY N, BARTENSCHLAGER R. Divergent roles of autophagy in virus infection[J]. Cells, 2013,2(1):83 -104.

[50] CRAWFORD S E, HYSER J M, UTAMA B, et al. Autophagy hijacked through viroporin - activated calcium/calmodulin - dependent kinase kinase - β signaling is required for rotavirus replication[J]. Proceedings of the National Academy Sciences of the United States of America, 2012, 109(50): E3405 - E3413.

[51] CRIOLLO A, SENOVILLA L, AUTHIER H, et al. The IKK complex contributes to the induction of autophagy[J]. EMBO Journal, 2010,29(3):619 -631.

[52] DAN H C, EBBS A, PASPARAKIS M, et al. Akt - dependent activation of mTORC1 complex involves phosphorylation of mTOR (mammalian target of rapamycin) by IκB kinase α (IKKα) [J]. The Journal of Biological Chemistry, 2014,289(36):25227 -25240.

[53] DARDIRI A H, HESS W R. A plaque assay for duck plague virus[J]. Canadian Journal of Comparative Medicine Revue Canadiene De Medecine Comparee, 1968,32(3): 505 -510.

[54] DAS S, VERMA P, LIAO P. Nobel prize in physiology or medicine awarded for discovery of cellular"self - eating"or autophagy process[J]. National Medical Journal of India, 2016,29(6): 360.

[55] DAVISON S, CONVERSE K A, HAMIR A N, et al. Duck viral enteritis in domestic muscovy ducks in Pennsylvania [J]. Avian Diseases, 1993, 37 (4): 1142 -1146.

[56] DE LEO A, COLAVITA F, CICCOSANTI F, et al. Inhibition of autophagy in EBV - positive Burkitt's lymphoma cells enhances EBV lytic genes expression and replication[J]. Cell Death & Disease, 2015, 6: e1876.

[57] DECUYPERE J P, BULTYNCK G, PARYS J B. A dual role for Ca^{2+} in autophagy regulation[J]. Cell Calcium, 2011, 50(3): 242 - 250.

[58] DENG Z Q, PURTELL K, LACHANCE V, et al. Autophagy receptors and neurodegenerative diseases[J]. Trends in Cell Biology, 2017, 27(7): 491 - 504.

[59] DERETIC V, LEVINE B. Autophagy, immunity, and microbial adaptations[J]. Cell Host and Microbe, 2009, 5(6): 527 - 549.

[60] DERETIC V, SAITOH T, AKIRA S. Autophagy in infection, inflammation and immunity[J]. Nature Reviews Immunology, 2013, 13(10): 722 - 737.

[61] DONG X N, CHENG A, ZOU Z J, et al. Endolysosomal trafficking of viral G protein - coupled receptor functions in innate immunity and control of viral oncogenesis[J]. Proceedings of the National Academy of Sciences of the United States of America, 2016, 113(11): 2994 - 2999.

[62] DREUX M, CHISARI F V. Viruses and the autophagy machinery[J]. Cell Cycle, 2010, 9(7): 1295 - 1307.

[63] DREUX M, GASTAMINZA P, WIELAND S F, et al. The autophagy machinery is required to initiate hepatitis C virus replication[J]. Proceedings of the National Academy of Sciences of the United States of America, 2009, 106(33): 14046 - 14051.

[64] DU J A, WANG L Q, WANG Y S, et al. Autophagy and apoptosis induced by Chinese giant salamander (*Andrias davidianus*) iridovirus (CGSIV)[J]. Veterinary Microbiology, 2016, 195, 87 - 95.

[65] DUDEK H, DATTA S R, FRANKE T F, et al. Regulation of neuronal survival by the serine - threonine protein kinase Akt[J]. Science, 1997, 275(5300): 661 - 665.

[66] EGAN D F, SHACKELFORD D B, MIHAYLOVA M M, et al. Phosphorylation of ULK1 (hATG1) by AMP - activated protein kinase connects energy sensing to mitophagy[J]. Science, 2011, 331(6016): 456 - 461.

[67] EIDSMO L, ALLAN R, CAMINSCHI I, et al. Differential migration of epidermal and dermal dendritic cells during skin infection[J]. Journal of Immunology, 2009, 182(5): 3165 - 3172.

[68] ENDO H, NITO C, KAMADA H, et al. Activation of the Akt/GSK3beta signaling pathway mediates survival of vulnerable hippocampal neurons after transient global cerebral ischemia in rats[J]. Journal of Cerebral Blood Flow and Metabolism: Official Journal of the International Society of Cerebral Blood Flow and Metabolism, 2006, 26(12): 1479 – 1489.

[69] ENGLISH L, CHEMALI M, DURON J, et al. Autophagy enhances the presentation of endogenous viral antigens on MHC class Ⅰ molecules during HSV – 1 infection[J]. Nature Immunology, 2009, 10(5): 480 – 487.

[70] ENGLISH L, CHEMALI M, DESJARDINS M. Nuclear membrane – derived autophagy, a novel process that participates in the presentation of endogenous viral antigens during HSV – 1 infection[J]. Autophagy, 2009, 5(7): 1026 – 1029.

[71] ROGER D E. ICPO, a regulator of herpes simplex virus during lytic and latent infection[J]. Bioessays, 2000, 22(8): 761 – 770.

[72] EVERLY D N, FENG P H, MIAN I S, et al. mRNA degradation by the virion host shutoff (Vhs) protein of herpes simplex virus: genetic and biochemical evidence that Vhs is a nuclease[J]. Journal of Virology, 2002, 76(17): 8560 – 8571.

[73] FLEMINGTON E K. Herpesvirus lytic replication and the cell cycle: arresting new developments[J]. Journal of Virology, 2001, 75(10): 4475 – 4481.

[74] FLISS P M, JOWERS T P, BRINKMANN M M, et al. Viral mediated redirection of NEMO/IKKγ to autophagosomes curtails the inflammatory cascade[J]. PLoS Pathogens, 2012, 8(2): e1002517.

[75] FOTHERINGHAM J A, RAAB – TRAUB N. Epstein – barr virus latent membrane protein 2 induces autophagy to promote abnormal acinus formation[J]. Journal of Virology, 2015, 89(13): 6940 – 6944.

[76] FOWLER C B, REED K D, BRANNON R B. Intranuclear inclusions correlate with the ultrastructural detection of herpes – type virions in oral hairy leukoplakia[J]. The American Journal of Surgical Pathology, 1989, 13(2): 114 – 119.

[77] FU S, WANG J, HU X W, et al. Crosstalk between hepatitis B virus X and high – mobility group box 1 facilitates autophagy in hepatocytes[J]. Molecular

Oncology,2018,12(3):322 – 338.

[78] FU X P,TAO L H,ZHANG X L. A short polypeptide from the herpes simplex virus type 2 *ICP*10 gene can induce antigen aggregation and autophagosomal degradation for enhanced immune presentation[J]. Human Gene Therapy, 2010,21(12):1687 – 1696.

[79] FUNG T S,TORRES J,LIU D X. The emerging roles of viroporins in ER stress response and autophagy induction during virus infection[J]. Viruses,2015,7(6):2834 – 2857.

[80] GAN F,ZHANG Z Q,HU Z H,et al. Ochratoxin A promotes porcine circovirus type 2 replication in vitro and in vivo[J]. Free Radical Biology and Medicine, 2015,80:33 – 47.

[81] GANNAGÉ M,DORMANN D,ALBRECHT R, et al. Matrix protein 2 of influenza a virus blocks autophagosome fusion with lysosomes[J]. Cell Host & Microbe,2009,6(4):367 – 380.

[82] GARCIA D,SHAW R J. AMPK: mechanisms of cellular energy sensing and restoration of metabolic balance[J]. Molecular Cell,2017,66(6):789 – 800.

[83] GARDNER R,WILKERSON J,JOHNSON J C. Molecular characterization of the DNA of anatid herpesvirus 1[J]. Intervirology,1993,36(2):99 – 112.

[84] GENG X,HARRY B L,ZHOU Q H,et al. Hepatitis B virus X protein targets the Bcl – 2 protein CED – 9 to induce intracellular Ca^{2+} increase and cell death in Caenorhabditis elegans[J]. Proceedings of the National Academy of Sciences of the United States of America,2012,109(45):18465 – 18470.

[85] GEORGEL P,JIANG Z F,KUNZ S,et al. Vesicular stomatitis virus glycoprotein G activates a specific antiviral Toll – like receptor 4 – dependent pathway[J]. Virology,2007,362(2):304 – 313.

[86] GHISLAT G,KNECHT E. Ca^{2+} – sensor proteins in the autophagic and endocytic traffic[J]. Current Protein and Peptide Science,2013,14(2):97 – 110.

[87] GIRSCH,J H,WALTERS K,JACKSON W,et al. Progeny varicella – zoster virus capsids exit the nucleus but never undergo secondary envelopment during autophagic flux inhibition by bafilomycin A1[J]. Journal Of Virology, 2019,

93(17):e00505 - 19.

[88]GOBEIL P A M,LEIB D A. Herpes simplex virus γ34.5 interferes with autophagosome maturation and antigen presentation in dendritic cells[J]. mBio, 2012,3(5):e00267 - 12.

[89]GORDON P B, HOLEN I, FOSSE M, et al. Dependence of hepatocytic autophagy on intracellularly sequestered calcium[J]. The Journal of Biological Chemistry,1993,268(35):26170 - 26112.

[90]GRACIA - SANCHO J,GUIXÉ - MUNTET S,HIDE D,et al. Modulation of autophagy for the treatment of liver diseases[J]. Expert Opinion on Investigational Drugs,2014,23(7):965 - 977.

[91]GRANATO M,SANTARELLI R,FARINA A,et al. Epstein - barr virus blocks the autophagic flux and appropriates the autophagic machinery to enhance viral replication[J]. Journal of Virology,2014,88(21):12715 - 12726.

[92]GRANATO M, SANTARELLI R, FILARDI M, et al. The activation of KSHV lytic cycle blocks autophagy in PEL cells[J]. Autophagy, 2015, 11(11): 1978 - 1986.

[93]GRANATO M, MONTANI M S G, ROMEO M A, et al. Metformin triggers apoptosis in PEL cells and alters bortezomib - induced Unfolded Protein Response increasing its cytotoxicity and inhibiting KSHV lytic cycle activation[J]. Cellular Signalling,2017,40:239 - 247.

[94]GRAYBILL C,MORGAN M J,LEVIN M J,et al. Varicella - zoster virus inhibits autophagosome - lysosome fusion and the degradation stage of mTOR - mediated autophagic flux[J]. Virology,2018,522:220 - 227.

[95]GUI X, YANG H, LI T, et al. Autophagy induction via STING trafficking is a primordial function of the cGAS pathway[J]. Nature, 2019, 567(7747): 262 - 266.

[96]HALL S A,SIMMONS J R. Duck plague (duck virus enteritis) in Britain[J]. Veterinary Record,1972,90(24):691.

[97]HARA K,MARUKI Y,LONG X M,et al. Raptor,a binding partner of target of rapamycin (TOR),mediates TOR action[J]. Cell,2002,110(2):177 - 189.

[98] HARRIS J, HARTMAN M, ROCHE C, et al. Autophagy controls IL – 1β secretion by targeting pro – IL – 1β for degradation[J]. Journal of Biological Chemistry, 2011, 286(11), 9587 – 9597.

[99] HASSAN H, TIAN X, INOUE K, et al. Essential role of X – box binding protein – 1 during endoplasmic reticulum stress in podocytes[J]. Journal of the American Society of Nephrology, 2016, 27(4): 1055 – 1065.

[100] HE Q, CHENG A C, WANG M S, et al. Replication kinetics of duck enteritis virus *UL*16 gene in vitro[J]. Virology Journal, 2012, 9(1): 281.

[101] HE Y D, SUN Y C, ZHAN X B. Noncoding miRNAs bridge virus infection and host autophagy in shrimp in vivo[J]. FASEB Journal, 2017, 31(7): 2854 – 2868.

[102] HEATON N S, PERERA R, BERGER K L, et al. Dengue virus nonstructural protein 3 redistributes fatty acid synthase to sites of viral replication and increases cellular fatty acid synthesis[J]. Proceedings of the National Academy of Sciences of the United States of America, 2010, 107(40): 17345 – 17350.

[103] HEGDE N R, CHEVALIER M S, WISNER T W, et al. The role of BiP in endoplasmic reticulum – associated degradation of major histocompatibility complex class Ⅰ heavy chain induced by cytomegalovirus proteins[J]. The Journal of Biological Chemistry, 2006, 281(30): 20910 – 20919.

[104] HERNAEZ B, CABEZAS M, MUÑOZ – MOREN R, et al. A179L, a new viral Bcl2 homolog targeting Beclin 1 autophagy related protein[J]. Current Molecular Medicine, 2013, 13(2): 305 – 316.

[105] HESS W R, DARDIRI A H. Some properties of the virus of duck plague[J]. Archives of Virology, 1968, 24(1 – 2): 148 – 153.

[106] HOSOKAWA N, HARA T, KAIZUKA T, et al. Nutrient – dependent mTORC1 association with the ULK1 – Atg13 – FIP200 complex required for autophagy [J]. Moleculuar Biology of the Cell, 2009, 20(7): 1981 – 1991.

[107] HØYER – HANSEN M, BASTHOLM L, SZYNIAROWSKI P, et al. Control of macroautophagy by calcium, calmodulin – dependent kinase kinase – beta, and Bcl – 2[J]. Molecular Cell, 2007, 25(2): 193 – 205.

[108] HU Y, ZHOU H B, YU Z J, et al. Characterization of the genes encoding complete US10, SORF3, and US2 proteins from duck enteritis virus [J]. Virus Genes, 2009, 38(2): 295 - 301.

[109] HU Y, LIU X K, ZOU Z, et al. Glycoprotein C plays a role in the adsorption of duck enteritis virus to chicken embryo fibroblasts cells and in infectivity [J]. Virus Research, 2013, 174(1 - 2): 1 - 7.

[110] HUANG J X, MANNING B D. A complex interplay between Akt, TSC2 and the two mTOR complexes [J]. Biochemical Society Transactions, 2009, 37(Pt 1): 217 - 222.

[111] HUANG K M, SNIDER M D. Isolation of protein glycosylation mutants in the fission yeast *Schizosaccharomyces pombe* [J]. Molecular Biology of the Cell, 1995, 6(5): 485 - 496.

[112] HUNG C H, CHEN L W, WANG W H, et al. Regulation of autophagic activation by Rta of Epstein - Barr virus via the extracellular signal - regulated kinase pathway [J]. Journal of Virology, 2014, 88(20): 12133 - 12145.

[113] HYTTINEN J M T, NIITTYKOSKI M, SALMINEN A, et al. Maturation of autophagosomes and endosomes: a key role for Rab7 [J]. Biochimca Biophysica Acta (BBA) - Molecular Cell Research, 2013, 1833(3): 503 - 510.

[114] INOKI K, ZHU T, GUAN K L. TSC2 mediates cellular energy response to control cell growth and survival [J]. Cell, 2003, 115(5): 577 - 590.

[115] JACKSON W T. Viruses and the autophagy pathway [J]. Virology, 2015, 479 - 480: 450 - 456.

[116] JACOLOT S, FÉREC C, MURA C. Iron responses in hepatic, intestinal and macrophage/monocyte cell lines under different culture conditions [J]. Blood Cells, Molecules and Diseases, 2008, 41(1): 100 - 108.

[117] JAGER S, BUCCI C, TANIDA I, et al. Role for Rab7 in maturation of late autophagic vacuoles [J]. Journal of Cell Science, 2004, 117 (20): 4837 - 4848.

[118] JIA X Y, CHEN Y Y, ZHAO X, et al. Oncolytic vaccinia virus inhibits human hepatocellular carcinoma MHCC97 - H cell proliferation via endoplasmic re-

ticulum stress, autophagy and Wnt pathways[J]. Journal of Gene Medicine, 2016,18(9):211 - 219.

[119]JIN H, MA Y, PRABHAKAR B S, et al. The gamma 1 34.5 protein of herpes simplex virus 1 is required to interfere with dendritic cell maturation during productive infection[J]. Journal of Virology, 2009, 83(10):4984 - 4994.

[120]JOHNSON D C, BURKE R L, GREGORY T. Soluble forms of herpes simplex virus glycoprotein D bind to a limited number of cell surface receptors and inhibit virus entry into cells [J]. Journal of Virology, 1990, 64 (6): 2569 - 2576.

[121]JOUNAI N, TAKESHITA F, KOBIYAMA K, et al. The Atg5 - Atg12 conjugate associates with innate antiviral immune responses[J]. Proceedings of the National Academy of Sciences of the United States of America, 2007, 104(35): 14050 - 14055.

[122]KAIZUKA T, MORISHITA H, HAMA Y, et al. An autophagic flux probe that releases an internal control[J]. Molecular Cell, 2016, 64(4): 835 - 849.

[123]KALETA E F, KUCZKA A, KÜHNHOLD A, et al. Outbreak of duck plague (duck herpesvirus enteritis) in numerous species of captive ducks and geese in temporal conjunction with enforced biosecurity (in - house keeping) due to the threat of avian influenza A virus of the subtype Asia H5N1[J]. DTW. Deutsche Tierärztliche Wochenschrift, 2007, 114(1):3 - 11.

[124]KAUSHIK S, CUERVO A M. The coming of age of chaperone - mediated autophagy [J]. Nature Reviews Molecular Cell Biology, 2018, 19 (6): 365 - 381.

[125]KEYMER I F, GOUGH R E. Duck virus enteritis (anatid herpesvirus infection) in mute swans (*Cygnus olor*) [J]. Avian Pathology, 1986, 15 (1): 161 - 170.

[126]KIM H J, LEE S, JUNG J U. When autophagy meets viruses: a double - edged sword with functions in defense and offense[J]. Seminars in Immunopathology, 2010, 32(4):323 - 341.

[127]KIM J, KUNDU M, VIOLLET B, et al. AMPK and mTOR regulate autophagy

through direct phosphorylation of Ulk1[J]. Nature Cell Biology,2011,13(2): 132-141.

[128]KLIONSKY D J. Autophagy revisited: a conversation with Christian de Duve [J]. Autophagy,2008,4(6):740-743.

[129]KOUROKU Y,FUJITA E,TANIDA I,et al. ER stress (PERK/eIF2α phosphorylation) mediates the polyglutamine-induced LC3 conversion,an essential step for autophagy formation[J]. Cell Death & Differentiation,2006,14(2):230-239.

[130]KRIEGENBURG F,UNGERMANN C, REGGIORI F. Coordination of autophagosome-lysosome fusion by Atg8 family members[J]. Current Biology, 2018,28(8):R512-R518.

[131]KROEMER G,PIACENTINI M . Dying to survive - apoptosis,necroptosis, autophagy as supreme experiments of nature[J]. The International Journal of Developmental Biology,2015,59(1-3):5-9.

[132]KUMAR S H,RANGARAJAN A . Simian Virus 40 small T antigen activates AMPK and triggers autophagy to protect cancer cells from nutrient deprivation [J]. Journal of Virology,2009,83(17):8565-8574.

[133]KWONG A D,FRENKEL N. Herpes simplex virus-infected cells contain a function(s) that destabilizes both host and viral mRNAs[J]. Proceedings of the National Academy of Sciences of the United States of America,1987,84(7):1926-1930.

[134]LEE J S,MENDEZ R,HENG H H,et al. Pharmacological ER stress promotes hepatic lipogenesis and lipid droplet formation[J]. American Journal of Translational Research,2012,4(1):102-113.

[135]LEE J W,PARK S,TAKAHASHI Y,et al. The association of AMPK with ULK1 regulates autophagy[J]. PLoS One,2010,5(1): 1-9.

[136]LEE H K,MATTEI L M,STEINBERG B E,et al. In vivo requirement for Atg5 in antigen presentation by dendritic cells[J]. Immunity, 2010, 32(2): 227-239.

[137]LEFKOWITZ E J,DEMPSEY D M,HENDRICKSON R C,et al. Virus taxono-

my: the database of the International Committee on Taxonomy of Viruses (ICTV)[J]. Nucleic Acids Research,2018,46(D1):D708 - D717.

[138]LEIB D A,ALEXANDER D E,COX D,et al. Interaction of ICP34.5 with Beclin 1 modulates herpes simplex virus type 1 pathogenesis through control of CD4(+) T - cell responses[J]. Journal of Virology, 2009, 83(23): 12164 - 12171.

[139]LEVINE B,KLIONSKY D J. Autophagy wins the 2016 Nobel Prize in Physiology or Medicine: breakthroughs in baker's yeast fuel advances in biomedical research[J]. Proceedings of the National Academy of Sciences of the United States of America,2017,114(2):201 - 205.

[140]LI H X,LIU S M,HAN Z X,et al. Comparative analysis of the genes *UL*1 through *UL7* of the duck enteritis virus and other herpesviruses of the subfamily Alphaherpesvirinae[J]. Genetics and Molecular Biology, 2009, 32(1): 121 - 128.

[141]LI J,NI M,LEE B,et al. The unfolded protein response regulator GRP78/BiP is required for endoplasmic reticulum integrity and stress - induced autophagy in mammalian cells[J]. Cell Death & Differentiation, 2008, 15(9): 1460 - 1471.

[142]LI L J,CHENG A C,WANG M S,et al. Expression and characterization of duck enteritis virus *gI* gene[J]. Virology Journal,2011,8(1):241.

[143]LI N,HONG T Q,LI R,et al. Pathogenicity of duck plague and innate immune responses of the Cherry Valley ducks to duck plague virus[J]. Scientific Reports,2016,6(1):32183.

[144]LI Y F,HUANG B,MA X L,et al. Molecular characterization of the genome of duck enteritis virus[J]. Virology,2009,391(2):151 - 161.

[145]LI Y Y,ZHANG L,LI K,et al. ZNF32 inhibits autophagy through the mTOR pathway and protects MCF - 7 cells from stimulus - induced cell death[J]. Scientific Reports,2015,5:9288.

[146]LI C,FU X Z,LIN Q,et al. Autophagy promoted infectious kidney and spleen necrosis virus replication and decreased infectious virus yields in CPB cell line

[J]. Fish and Shellfish Immunology, 2017, 60:25 - 32.
[147] LI J H, LIU Y H, WANG Z K, et al. Subversion of cellular autophagy machinery by hepatitis B virus for viral envelopment[J]. Journal of Virology, 2011, 85(13):6319 - 6333.
[148] LIAN B, XU C, CHENG A C, et al. Identification and characterization of duck plague virus glycoprotein C gene and gene product [J]. Virology Journal, 2010, 7(1):349.
[149] LIANG C Y, LEE J S, INN K S, et al. Beclin1 - binding UVRAG targets the class C Vps complex to coordinate autophagosome maturation and endocytic trafficking[J]. Nature Cell Biology, 2008, 10(7):776 - 787.
[150] LIANG Q, CHANG B, BRULOIS K F, et al. Kaposi's sarcoma - associated herpesvirus K7 modulates rubicon - mediated inhibition of autophagosome maturation[J]. Journal of Virology, 2013, 87(22):12499 - 12503.
[151] LIANG Q M, SEO G J, CHOI Y J, et al. Crosstalk between the cGAS DNA Sensor and Beclin - 1 autophagy protein shapes innate antimicrobial immune responses[J]. Cell Host and Microbe, 2014, 15(2):228 - 238.
[152] LIANG X H, KLEEMAN L K, JIANG H H, et al. Protection against fatal Sindbis virus encephalitis by beclin, a novel Bcl - 2 - interacting protein[J]. Journal of Virology, 1998, 72(11):8586 - 8596.
[153] LIIKANEN I, AHTIAINEN L, HIRVINEN M L M, et al. Oncolytic adenovirus with temozolomide induces autophagy and antitumor immune responses in cancer patients[J]. Molecular Therapy: the Journal of the American Society of Gene Therapy, 2013, 21(6):1212 - 1223.
[154] LIN M, JIA R Y, WANG M S, et al. Molecular characterization of duck enteritis virus CHv strain UL49.5 protein and its colocalization with glycoprotein M [J]. Journal of Veterinary Science, 2014, 15(3):389 - 398.
[155] LIN M G, HURLEY J H. Structure and function of the ULK1 complex in autophagy[J]. Current Opinion in Cell Biology, 2016, 39:61 - 68.
[156] LIU C Y, CHENG A C, WANG M S, et al. Duck enteritis virus UL54 is an IE protein primarily located in the nucleus [J]. Virology Journal, 2015, 12

(1):198.

[157] LIU J X, CHEN P C, JIANG Y P, et al. A duck enteritis virus - vectored bivalent live vaccine provides fast and complete protection against H5N1 avian influenza virus infection in ducks[J]. Journal of Virology, 2011, 85(21): 10989 - 10998.

[158] LIU X L, HAN Z X, SHAO Y H, et al. Different linkages in the long and short regions of the genomes of duck enteritis virus Clone - 03 and VAC Strains [J]. Virology Journal, 2011, 8(1): 200.

[159] LIU X M, WEI S S, LIU Y, et al. Recombinant duck enteritis virus expressing the *HA* gene from goose H5 subtype avian influenza virus[J]. Vaccine, 2013, 31(50): 5953 - 5959.

[160] LIU X, MATRENEC R, GACK M U, et al. Disassembly of the TRIM23 - TBK1 complex by the us11 Protein of herpes simplex virus 1 impairs autophagy[J]. Journal of Virology, 2019, 93(17): e00497 - 19.

[161] LUSSIGNOL M, QUEVAL C, BERNET - CAMARD M F, et al. The herpes simplex virus 1 Us11 protein inhibits autophagy through its interaction with the protein kinase PKR[J]. Journal of Virology, 2013, 87(2): 859 - 871.

[162] LV S, XU Q Y, SUN E C, et al. Dissection and integration of the autophagy signaling network initiated by bluetongue virus infection: crucial candidates ERK1/2, Akt and AMPK[J]. Scientific Reports, 2016, 6(1): 23130.

[163] LV S, XU Q Y, SUN E C, et al. Impaired cellular energy metabolism contributes to bluetongue - virus - induced autophagy[J]. Archives of Virology, 2016, 161(10): 2807 - 2811.

[164] LV Y J, DAI L, HAN H L, et al. PCV2 induces apoptosis and modulates calcium homeostasis in piglet lymphocytes in vitro[J]. Research in Veterinary Science, 2012, 93(3): 1525 - 1530.

[165] MA Y T, GALLUZZI L, ZITVOGEL L, et al. Autophagy and cellular immune responses[J]. Immunity, 2013, 39(2): 211 - 227.

[166] MATSUNAGA K, SAITOH T, TABATA K, et al. Two Beclin 1 - binding proteins, Atg14L and Rubicon, reciprocally regulate autophagy at different stages

[J]. Nature Cell Biology,2009,11(4):385 – 396.

[167] DOMENICO M, ALESSANDRO M, SUSANNA C. Human papilloma virus and autophagy[J]. International Journal of Molecular Sciences, 2018, 19(6): 1775.

[168] JACOB A, MAUTHE M, HENTSCHEL K, et al. Resveratrol – mediated autophagy requires WIPI – 1 – regulated LC3 lipidation in the absence of induced phagophore formation[J]. Autophagy, 2011, 7(12): 1448 – 1461.

[169] MCARDLE J, SCHAFER X L, MUNGER J. Inhibition of calmodulin – dependent kinase kinase blocks human cytomegalovirus – induced glycolytic activation and severely attenuates production of viral progeny[J]. Journal of Virology, 2011, 85(2): 705 – 714.

[170] MCFARLANE S, AITKEN J, SUTHERLAND J S, et al. Early induction of autophagy in human fibroblasts after infection with human cytomegalovirus or herpes simplex virus 1[J]. Journal of Virology, 2011, 85(9): 4212.

[171] MEHRPOUR M, ESCLATINE A, BEAU I, et al. Overview of macroautophagy regulation in mammalian cells[J]. Cell Reserch, 2010, 20(7): 748 – 762.

[172] MEIJER A J, CODOGNO P. Signalling and autophagy regulation in health, aging and disease[J]. Molecular Aspects of Medicine, 2006, 27(5 – 6): 411 – 425.

[173] MENZIES F M, MOREAU K, PURI C, et al. Measurement of autophagic activity in mammalian cells[J]. Current Protocols in Cell Biology, 2012, 54(1): 15.16(1 – 25).

[174] MERCER T J, GUBAS A, TOOZE S A. A molecular perspective of mammalian autophagosome biogenesis[J]. Journal of Biological Chemistry, 2018, 293(15), 5386 – 5395.

[175] MIZUSHIMA N, YOSHIMORI T, OHSUMI Y. The role of Atg proteins in autophagosome formation[J]. Annual Review of Cell and Development Biology, 2011, 27(1): 107 – 132.

[176] MO J, ZHANG M, MARSHALL B, et al. Interplay of autophagy and apoptosis during murine cytomegalovirus infection of RPE cells[J]. Molecular Vision,

2014,20:1161 – 1173.

[177] MOLEJON M I,ROPOLO A,RE A L,et al. The VMP1 – Beclin 1 interaction regulates autophagy induction[J]. Scientific Reports,2013,3(1):1055.

[178] MOLINO D,ZEMIRLI N,CODOGNO P,et al. The journey of the autophagosome through mammalian cell organelles and membranes[J]. Journal Of Molecular Biology,2017,429(4): 497 – 514.

[179] TAO H,THOMAS J D,LATTIME E C,et al. Vaccinia virus leads to ATG12 – ATG3 conjugation and deficiency in autophagosome formation[J]. Autophagy, 2011,7(12):1434 – 1447.

[180] MONTALI R J,BUSH M,GREENWELL G A. An epornitic of duck viral enteritis in a zoological park[J]. Journal of the American Veterinary Medical Association,1976,169(9):954 – 958.

[181] MOREAU K,SEGARRA A,TOURBIEZ D,et al. Autophagy plays an important role in protecting Pacific oysters from OsHV – 1 and Vibrio aestuarianus infections[J]. Autophagy,2015,11(3): 516 – 526.

[182] MOUNA L, HERNANDEZ E, BONTE D, et al. Analysis of the role of autophagy inhibition by two complementary human cytomegalovirus BECN1/Beclin 1 – binding proteins[J]. Autophagy,2016,12(2): 327 – 342.

[183] MÜNZ C. Antigen processing for MHC class Ⅱ Presentation via autophagy [J]. Frontiers in Immunology,2012,3:9.

[184] MUTLU A D, CAVALLIN L E, VINCENT L,et al. In vivo – restricted and reversible malignancy induced by human herpesvirus – 8 KSHV: a cell and animal model of virally induced Kaposi's sarcoma[J]. Cancer Cell,2007,11(3):245 – 258.

[185] NAKAHIRA K,CHOI A M K. Autophagy: a potential therapeutic target in lung diseases[J]. American Journal of Physiology: Lung Cellular & Molecular Physiology,2013,305(2): L93 – L107.

[186] NAKAHIRA K,HASPEL J A,RATHINAM V A K,et al. Autophagy proteins regulate innate immune responses by inhibiting the release of mitochondrial DNA mediated by the NALP3 inflammasome[J]. Nature Immunology,2010,

12(3):222 - 230.

[187] NAKAMURA S, IZUMI M. Chlorophagy is *ATG* gene - dependent microautophagy process[J]. Plant Signaling & Behavior,2019,14(1):1554469.

[188] NAKAMURA S,YOSHIMORI T. New insights into autophagosome - lysosome fusion[J]. Journal of Cell Science,2017,130(7):1209 - 1216.

[189] NAKASHIMA A,TANAKA N,TAMAI K,et al. Survival of parvovirus B19 - infected cells by cellular autophagy[J]. Virology,2006,349(2):254 - 263.

[190] NAKATOGAWA H,ICHIMURA Y,OHSUMI Y. Atg8,a ubiquitin - like protein required for autophagosome formation,mediates membrane tethering and hemifusion[J]. Cell, 2007, 130(1):165 - 178.

[191] NASCIMBENI A C, GIORDANO F, DUPONT N, et al. ER - plasma membrane contact sites contribute to autophagosome biogenesis by regulation of local PI3P synthesis[J]. EMBO Journal,2017,36(14): 2018 - 2033.

[192] NII S, KAMAHORA J. The appearance of intranuclear inclusion bodies induced by herpes simplex virus in FL cells [J]. Biken Journal, 1962, 5 (2):99 - 108.

[193] NIU Y J,SUN Q Q,ZHANG G H,et al. Fowl adenovirus serotype 4 - induced apoptosis, autophagy, and a severe inflammatory response in liverr[J]. Veteri nary Microbiology,2018,233:34 - 41.

[194] HEIKE N, BRUNO G, KERSTIN T, et al. Macroautophagy proteins assist epstein barr virus production and get incorporated into the virus particles[J]. EBioMedicine,2014,1(2 - 3):116 - 125.

[195] OKAMOTO K. Organellophagy: eliminating cellular building blocks via selective autophagy[J]. The Journal of Cell Biology,2014,205(4):435 - 445.

[196] ORVEDAHL A, ALEXANDER D, TALLÓCZY Z, et al. HSV - 1 ICP34. 5 confers neurovirulence by targeting the Beclin 1 autophagy protein[J]. Cell Host & Microbe,2007,1(1):23 - 35.

[197] PAPINSKI D, KRAFT C. Regulation of autophagy by signaling through the Atg1/ULK1 complex[J]. Journal of Molecular Biology,2016,428(9 Pt A): 1725 - 1741.

[198] PARK S, BUCK M D, DESAI C, et al. Autophagy genes enhance murine gammaherpesvirus 68 reactivation from latency by preventing virus – induced systemic inflammation[J]. Cell Host and Microbe, 2016, 19(1):91 – 101.

[199] PAUL S, KASHYAP A K, JIA W, et al. Selective autophagy of the adaptor protein Bcl10 modulates T cell receptor activation of NF – κB[J]. Immunity, 2012, 36(6):947 – 958.

[200] PEARCE L R, HUANG X, BOUDEAU J, et al. Identification of Protor as a novel Rictor – binding component of mTOR complex – 2[J]. The Biochemical Journal, 2007, 405(3):513 – 522.

[201] PETROVSKI G, PÁSZTOR K, LÁSZLÓO, et al. Herpes simplex virus types 1 and 2 modulate autophagy in SIRC corneal cells[J]. Journal of Biosciences, 2014, 39(4):683 – 692.

[202] PFISTERER S G, MAUTHE M, CODOGNO P, et al. Ca^{2+}/Calmodulin – dependent kinase (CaMK) signaling via CaMKI and AMP – activated protein kinase contributes to the regulation of WIPI – 1 at the onset of autophagy[J]. Molecular Pharmacology, 2011, 80(6):1066 – 1075.

[203] PRATT Z L, ZHANG J, SUGDEN B. The latent membrane protein 1 (LMP1) oncogene of epstein – barr virus can simultaneously induce and inhibit apoptosis in B cells[J]. Journal of Virology, 2012, 86(8):4380 – 4393.

[204] PUJALS A, FAVRE L, PIOCHE – DURIEU C, et al. Constitutive autophagy contributes to resistance to TP53 – mediated apoptosis in Epstein – Barr virus – positive latency Ⅲ B – cell lymphoproliferations[J]. Autophagy, 2015, 11(12):2275 – 2287.

[205] QI D, YOUNG L H. AMPK: energy sensor and survival mechanism in the ischemic heart [J]. Trends in Endocrinology and Metabolism, 2015, 26(8):422 – 429.

[206] QI X F, YANG X Y, CHENG A C, et al. The pathogenesis of duck virus enteritis in experimentally infected ducks: a quantitative time – course study using TaqMan polymerase chain reaction [J]. Avian Pathology, 2008, 37(3):307 – 310.

[207] QIAN G, LIU D D, HU J F, et al. Ochratoxin A – induced autophagy in vitro and in vivo promotes porcine circovirus type 2 replication[J]. Cell Death & Disease, 2017, 8(6): e2909.

[208] RASMUSSEN S B, HORAN K A, HOLM C K, et al. Activation of autophagy by α – herpesviruses in myeloid cells is mediated by cytoplasmic viral DNA through a mechanism dependent on stimulator of *IFN* genes[J]. Journal of Immunology, 2011, 187(10): 5268 – 5276.

[209] RITTHIPICHAI K, NAN Y C, BOSSIS I, et al. Viral FLICE inhibitory protein of rhesus monkey Rhadinovirus inhibits apoptosis by enhancing autophagosome formation[J]. Infectious Agents and Cancer, 2012, 7(Suppl 1): 44.

[210] HANSEN W R, GOUGH R E. Chapter 4. Duck plague (duck virus enteritis) [J]. Infectious Diseases of Wild Birds, 2008: 87 – 107.

[211] SANO R, REED J C. ER stress – induced cell death mechanisms[J]. Biochimica et Biophysica Acta – Molecular Cell Research, 2013, 1833(12): 3460 – 3470.

[212] SARBASSOV D D, ALI S M, SENGUPTA S, et al. Prolonged rapamycin treatment inhibits mTORC2 assembly and Akt/PKB[J]. Molecular Cell, 2006, 22(2): 159 – 168.

[213] SARIYER I K, MERABOVA N, PATEL P K, et al. Bag3 – induced autophagy is associated with degradation of JCV oncoprotein, T – Ag[J]. PLoS One, 2012, 7(9): e45000.

[214] SOVAN S. Regulation of autophagy by mTOR – dependent and mTOR – independent pathways: autophagy dysfunction in neurodegenerative diseases and therapeutic application of autophagy enhancers[J]. Biochemical Society Transactions, 2013, 41(5): 1103 – 1130.

[215] SATHIYAMOORTHY K, CHEN J, LONGNECKER R, et al. The COMPLEXity in herpesvirus entry[J]. Current Opinion in Virology, 2017, 24: 97 – 104.

[216] SEGARRA A, PÉPIN J F, ARZUL I, et al. Detection and description of a particular Ostreid herpesvirus 1 genotype associated with massive mortality outbreaks of Pacific oysters, Crassostrea gigas, in France in 2008[J]. Virus Re-

search,2010,153(1):92 - 99.

[217]SHANG L B,WANG X D. AMPK and mTOR coordinate the regulation of Ulk1 and mammalian autophagy initiation[J]. Autophagy,2011,7(8):924 - 926.

[218]SHANG L B,CHEN S,DU F H,et al. Nutrient starvation elicits an acute autophagic response mediated by Ulk1 dephosphorylation and its subsequent dissociation from AMPK[J]. Proceedings of the National Academy of Sciences of the United States of America,2011,108(12):4788 - 4793.

[219]SHAWKY S,SCHAT K A. Latency sites and reactivation of duck enteritis virus[J]. Avian Diseases,2002,46(2):308 - 313.

[220]SHAWKY S. Target cells for duck enteritis virus in lymphoid organs[J]. Avian Pathology: Journal of the W. V. P. A,2000,29(6):609 - 616.

[221]SHELLY S,LUKINOVA N,BAMBINA S,et al. Autophagy is an essential component of Drosophila immunity against vesicular stomatitis virus[J]. Immunity,2009,30(4):588 - 598.

[222]SHIBUTANI S T,SAITOH T,NOWAG H,et al. Autophagy and autophagy - related proteins in the immune system[J]. Nature Immunology, 2015, 16 (10):1014 - 1024.

[223]SHINOHARA Y, IMAJO K, YONEDA M, et al. Unfolded protein response pathways regulate Hepatitis C virus replication via modulation of autophagy [J]. Biochemical and Biophysical Research Communications,2013,432(2): 326 - 332.

[224]SHPILKA T,WEIDBERG H,PIETROKOVSKI S,et al. Atg8: an autophagy - related ubiquitin - like protein family[J]. Genome Biology, 2011, 12 (7):226.

[225]BECKER N,LEVINE B,SINHA S,et al. Molecular basis of the regulation of Beclin 1 - dependent autophagy by the γ - herpesvirus 68 Bcl - 2 homolog M11[J]. Autophagy,2008,4(8):989 - 997.

[226]SIR D,TIAN Y J,CHEN W L,et al. The early autophagic pathway is activated by hepatitis B virus and required for viral DNA replication[J]. Proceedings of the National Academy of Sciences of the United States of America,2010,107

(9):4383 - 4388.

[227]SIRACUSANO G, VENUTI A, LOMBARDO D, et al. Early activation of My D88 - mediated autophagy sustains HSV - 1 replication in human monocytic THP - 1 cells[J]. Scientific Reports, 2016, 6(1):31302.

[228]ZHOU S Y, BALTIMORE D, CANTLEY L C, et al. Interleukin 3 - dependent survival by the Akt protein kinase[J]. Proceedings of the National Academy of Sciences of the United States of America, 1997, 94(21):11345 - 11350.

[229]SPEAR P G, EISENBERG R J, COHEN G H. Three classes of cell surface receptors for alphaherpesvirus entry[J]. Virology, 2000, 275(1):1 - 8.

[230]STOLZ A, ERNST A, DIKIC I. Cargo recognition and trafficking in selective autophagy[J]. Nature Cell Biology, 2014, 16(6):495 - 501.

[231]SU M F, MEI Y, SANISHVILI R, et al. Targeting γ - herpesvirus 68 Bcl - 2 - mediated down - regulation of autophagy[J]. The Journal of Biological Chemistry, 2014, 289(12):8029 - 8040.

[232]SUN M X, HOU L L, TANG Y D, et al. Pseudorabies virus infection inhibits autophagy in permissive cells in vitro [J]. Scientific Reports, 2017, 7(1):39964.

[233]SURVILADZE Z, STERK R T, DEHARO S A, et al. Cellular entry of human papillomavirus type 16 involves activation of the phosphatidylinositol 3 - kinase/Akt/mTOR pathway and inhibition of autophagy[J]. Journal of Virology, 2013, 87(5):2508 - 2517.

[234]SUZUKI K, AKIOKA M, KONDO - KAKUTA C, et al. Fine mapping of autophagy - related proteins during autophagosome formation in *Saccharomyces cerevisiae*[J]. Journal of Cell Science, 2013, 126(11):2534 - 2544.

[235]TAKAHASHI M N, JACKSON W, LAIRD D T, et al. Varicella - zoster virus infection induces autophagy in both cultured cells and human skin vesicles [J]. Journal of Virology, 2009, 83(11):5466 - 5476.

[236]TALLÓCZY Z, JIANG W X, VIRGIN H W, et al. Regulation of starvation - and virus - induced autophagy by the eIF2α kinase signaling pathway[J]. Proceedings of the National Academy of Sciences of the United States of Amer-

ica,2002,99(1):190 - 195.

[237] TANIDA I, UENO T, KOMINAMI E. Human light chain 3/MAP1LC3B is Cleaved at its carboxyl - terminal Met121 to expose Gly120 for lipidation and targeting to autophagosomal membranes[J]. The Journal of Biological Chemistry,2004,279(46):47704 - 47710.

[238] TANTASWASDI U, WATTANAVIJARN W, METHIYAPUN S, et al. Light, immunofluorescent and electron microscopy of duck virus enteritis (duck plague)[J]. Nihon Juigaku Zasshi. The Japanese Journal of Veterinary Science,1988,50(6):1150 - 1160.

[239] TAZAWA H, KAGAWA S, FUJIWARA T. Oncolytic adenovirus - induced autophagy: tumor - suppressive effect and molecular basis[J]. Acta Medica Okayama,2013,67(6):333 - 342.

[240] TAZAWA H, KURODA S, HASEI J, et al. Impact of autophagy in oncolytic adenoviral therapy for cancer[J]. International Journal of Molecular Science, 2017,18(7):1479.

[241] TIAN Y J, SIR D, KUO C F, et al. Autophagy required for hepatitis B virus replication in transgenic mice[J]. Journal of Virology, 2011, 85(24):13453 - 13456.

[242] TIRABASSI R S, TOWNLEY R A, ELDRIDGE M G, et al. Characterization of pseudorabies virus mutants expressing carboxy - terminal truncations of gE: evidence for envelope incorporation, virulence, and neurotropism domains[J]. Journal of Virology,1997,71(9):6455 - 6464.

[243] TSUBOYAMA K, KOYAMA - HONDA I, SAKAMAKI Y, et al. The ATG conjugation systems are important for degradation of the inner autophagosomal membrane[J]. Science,2016,354(6315):1036 - 1041.

[244] VAN K L, PAREKH V V, POSTOAK J L, et al. Role of autophagy in MHC class Ⅰ - restricted antigen presentation[J]. Molecular Immunology,2019, 113:2 - 5.

[245] VAN NOORDEN R, LEDFORD H. Medicine Nobel for research on how cells "eat themselves"[J]. Nature, 2016,538(7623):18 - 19.

[246] VINGTDEUX V, GILIBERTO L, ZHAO H T, et al. AMP – activated protein kinase signaling activation by resveratrol modulates amyloid – beta peptide metabolism[J]. Journal of Biological Chemistry, 2010, 285(12): 9100 – 9113.

[247] WAISNER H, KALAMVOKI M. The ICP0 protein of herpes simplex virus 1 (HSV – 1) down regulates major autophagy adaptor proteins, sequestosome 1 and optineurin during the early stages of HSV – 1 infection[J]. Journal of Virology, 2019, 93(21): e01258 – 19.

[248] WANG C W, KLIONSKY D J. The molecular mechanism of autophagy[J]. Molecular Medicine, 2003, 9(3): 65 – 76.

[249] WANG G W, QU Y J, WANG F K, et al. The comprehensive diagnosis and prevention of duck plague in northwest Shandong province of China[J]. Poultry Science, 2013, 92(11): 2892 – 2898.

[250] WANG J, HOPER D, BEER M, et al. Complete genome sequence of virulent duck enteritis virus (DEV) strain 2085 and comparison with genome sequences of virulent and attenuated DEV strains[J]. Virus Research, 2011, 160 (1 – 2): 316 – 325.

[251] WANG Y Q, DUAN Y L, HAN C Y, et al. Infectious bursal disease virus subverts autophagic vacuoles to promote viral maturation and release[J]. Journal of Virology, 2017, 91(5): e01883 – 16.

[252] WANG Z, WILSON W A, FUJINO M A, et al. Antagonistic controls of autophagy and glycogen accumulation by Snf1p, the yeast homolog of AMP – activated protein kinase, and the cyclin – dependent kinase Pho85p[J]. Molecular & Cellular Biology, 2001, 21(17): 5742 – 5752.

[253] WANG L, HOWELL M E A, SPARKS – WALLACE A, et al. p62 – mediated selective autophagy endows virus – transformed cells with insusceptibility to DNA damage under oxidative stress[J]. PLoS Pathogens, 2019, 15(4): e1001541.

[254] WANG L, XIAO Q, ZHOU X L, et al. Bombyx mori nuclear polyhedrosis virus (BmNPV) induces host cell autophagy to benefit infection[J]. Viruses, 2017, 10(1): 14.

[255] WEN H J, YANG Z L, ZHOU Y, et al. Enhancement of autophagy during lytic replication by the Kaposi's sarcoma – associated herpesvirus replication and transcription activator[J]. Journal of Virology, 2010, 84(15): 7448 – 5748.

[256] WILCOX D R, WADHWANI N R, LONGNECKER R, et al. Differential reliance on autophagy for protection from HSV encephalitis between newborns and adults[J]. PLoS Pathogens, 2015, 11(1): 1 – 13.

[257] WILD P, MCEWAN D G, DIKIC I. The LC3 interactome at a glance[J]. Journal of Cell Science, 2014, 127(1): 3 – 9.

[258] WOO S Y, KIM D H, JUN C B, et al. PRR5, a novel component of mTOR complex 2, regulates platelet – derived growth factor receptor β expression and signaling[J]. Journal of Biological Chemistry, 2007, 282(35): 25604 – 25612.

[259] WU Y, CHENG A C, WANG M S, et al. Comparative genomic analysis of duck enteritis virus strains[J]. Journal Of Virology, 2012, 86(24): 13841 – 13842.

[260] WU Y, CHENG A C, WANG M S, et al. Complete genomic sequence of Chinese virulent duck enteritis virus[J]. Journal of Virology, 2012, 86(10): 5965.

[261] WU Y T, TAN H L, SHUI G H, et al. Dual role of 3 – methyladenine in modulation of autophagy via different temporal patterns of inhibition on class Ⅰ and Ⅲ phosphoinositide 3 – kinase[J]. The Journal of Biological Chemistry, 2010, 285(14): 10850 – 10861.

[262] XIAO B, SANDERS M J, UNDERWOOD E, et al. Structure of mammalian AMPK and its regulation by ADP[J]. Nature, 2011, 472(7342): 230 – 233.

[263] XU C M, WANG M, SONG Z B, et al. Pseudorabies virus induces autophagy to enhance viral replication in mouse neuro – 2a cells *in vitro*[J]. Virus Research, 2018, 248: 44 – 52.

[264] YAKOUB A M, SHUKLA D. Basal autophagy is required for herpes simplex virus – 2 infection[J]. Scientific Reports, 2015, 5: 12985.

[265] YAN Y, FLINN R J, WU H Y, et al. hVps15, but not Ca^{2+}/CaM, is required

for the activity and regulation of hVps34 in mammalian cells[J]. Biochemical Journal,2009,417(3):747 –755.

[266]YANG C H,LI J P,LI Q H,et al. Biological properties of a duck enteritis virus attenuated via serial passaging in chick embryo fibroblasts[J]. Archives of Virology,2015,160(1): 267 –274.

[267]YANG C H,LI J P,LI Q H,et al. Complete genome sequence of an attenuated duck enteritis virus obtained by *in vitro* serial passage [J]. Genome Announcements,2013,1(5):e00685 –13.

[268]YANG H J,RUDGE D G,KOOS J D,et al. mTOR kinase structure,mechanism and regulation[J]. Nature,2013,497(7488):217 –223.

[269]YANG Q, GUAN K L. Expanding mTOR signaling[J]. Cell Research,2007, 17: 666 –681.

[270]YANG Q,INOKI K,IKENOUE T,et al. Identification of Sin1 as an essential TORC2 component required for complex formation and kinase activity[J]. Genes & Development,2006,20(20): 2820 –2832.

[271]YANG C S,RODGERS M,MIN C K,et al. The autophagy regulator rubicon is a feedback inhibitor of CARD9 – mediated host innate immunity[J]. Cell Host and Microbe,2012,11(3):277 –289.

[272]YANG M T,HUANG L,LI X J,et al. Chloroquine inhibits lytic replication of Kaposi's sarcoma – associated herpesvirus by disrupting mTOR and p38 – MAPK activation[J]. Antiviral Research,2016,133:223 –233.

[273]YAZDANKHAH M,FARIOLI – VECCHIOLI S,TONCHEV A B,et al. The autophagy regulators Ambra1 and Beclin 1 are required for adult neurogenesis in the brain subventricular zone[J]. Cell Death & Disease,2014,5(9): e1403.

[274]YE W,XING Y,PAUSTIAN C,et al. Cross – presentation of viral antigens in dribbles leads to efficient activation of virus – specific human memory T cells [J]. Journal of Translational Medicine,2014,12(1):100.

[275]YIN H C,ZHAO L L,LI S Q,et al. Impaired cellular energy metabolism contributes to duck – enteritis – virus – induced autophagy via the AMPK –

TSC2 - MTOR signaling pathway[J]. Frontiers in Cellular and Infection Microbiology,2017,7(7):7.

[276]YIN H C,ZHAO L L,LI S Q,et al. Autophagy activated by duck enteritis virus infection positively affects its replication[J]. The Journal of General Virology,2017,98(3):486 - 495.

[277]YIN H C, ZHAO L L,JIANG X J,et al. DEV induce autophagy via the endoplasmic reticulum stress related unfolded protein response[J]. PLoS One 2017,12(12):e0189704.

[278]YORDY B,IIJIMA N,HUTTNER A,et al. A neuron - specific role for autophagy in antiviral defense against herpes simplex virus[J]. Cell Host and Microbe,2012,12(3):334 - 345.

[279]YUAN G P,CHENG A C,WANG M S,et al. Electron microscopic studies of the morphogenesis of duck enteritis virus[J]. Avian Diseases,2005,49(1):50 - 55.

[280]ZALCKVAR E,BERISSI H,MIZRACHY L,et al. DAP - kinase - mediated phosphorylation on the BH3 domain of beclin 1 promotes dissociation of beclin 1 from Bcl - X_L and induction of autophagy[J]. EMBO Reports, 2009,10(3):285 - 292.

[281]ZAN J,LIU J,ZHOU J W,et al. Rabies virus matrix protein induces apoptosis by targeting mitochondria[J]. Experimental Cell Research,2016,347(1):83 - 94.

[282]ZERBINI F M, BRIDDON R W, IDRIS A M,et al. ICTV virus taxonomy profile: geminiviridae[J]. Journal of General Virology, 2017, 98(2):131 - 133.

[283]ZHAI N H,LIU K,LI H,et al. PCV2 replication promoted by oxidative stress is dependent on the regulation of autophagy on apoptosis[J]. Veterinary Research,2019,50(1):19.

[284]ZHANG S C,MA G P,XIANG J,et al. Expressing *gK* gene of duck enteritis virus guided by bioinformatics and its applied prospect in diagnosis[J]. Virology Journal,2010,7(1):168.

[285] ZHANG S C, XIANG J, CHENG A C, et al. Characterization of duck enteritis virus *UL*53 gene and glycoprotein K[J]. Virology Journal, 2011, 8(1):235.

[286] ZHAO Y, CAO Y S, CUI L H, et al. Duck enteritis virus glycoprotein D and B DNA vaccines induce immune responses and immunoprotection in Pekin ducks [J]. PloS One, 2014, 9(4):1-6.

[287] ZHAO Y, WANG J W, MA B, et al. Molecular analysis of duck enteritis virus *US*3, *US*4, and *US*5 gene[J]. Virus Genes, 2009, 38(2): 289-294.

[288] ZHOU Y B, FREY T K, YANG J J. Viral calciomics: interplays between Ca^{2+} and virus[J]. Cell Calcium, 2009, 46(1):1-17.